Wonderful R 3 石田基広 監修

再現可能性のすゝめ
RStudioによるデータ解析とレポート作成

高橋康介 著

共立出版

Wonderful R

監修　石田基広
編集　市川太祐・高橋康介・高柳慎一・福島真太朗・松浦健太郎

本シリーズの刊行にあたって

　開発のスタートから四半世紀が経過し，Rはデータ分析ツールのデファクトスタンダードとしての地位を確立している．この間，データ分析分野ではビッグデータの活用が進み，並列化・高速化，あるいはテキスト解析の需要が高まりをみせた．あわせてデータ源やそのフォーマットも多様化した．データをAPIからリアルタイムに取得し，XMLやJSONなどの形式で読み込むことも珍しくない．またデータ可視化の重要性が広く認識され，JavaScriptと連携させたインタラクティブなプロットも広く利用されている．一方，分析手法の面では，小標本にもとづく伝統的な検定理論から，機械学習や深層学習へと関心が推移し，ベイズ流の分析手法・MCMCの応用も急速に進んでいる．さらに最近では，研究の再現性 (Reproducible Research) が分析スタイルとして注目を集めている．

　これらの需要にRは早くから対応してきた．例えばC++との連携が容易に実現でき，処理の高速化が期待できるようになった．データ操作ではパイプという考え方が導入され，複雑なデータ処理手順を自然にコード化できるようになっている．グラフィックスでは，データごとに適切なプロットを一貫性のあるコードで生成するパッケージが人気を博している．ベイズ・MCMCではStanとのインターフェイス開発が活発に続けられており，伝統的なBUGSに取ってかわる勢いである．そしてMarkdown記法のサポートが拡張され，スクリプト内にコードとレポートを簡単に共存させられるようになった．MarkdownスクリプトはR/RStudioさえあれば誰でも実行できるため，分析の再現性の保証となりうる．

　ただ新規に追加された諸機能を活用するのに，もともとのRのインターフェイスはあまりに貧弱であった．そこにRStudioが登場した．RStudioはコード開発を支援するインターフェイスの整備を精力的に進めており，現在ではRの統合開発環境として標準的に利用されるようになっている．

　本シリーズではR/RStudioの諸機能を活用することで，データの取得から前処理，そしてグラフィックス作成の手間が格段に改善されることを具体例にもとづき紹介している．さらにデータサイエンスが当然のスキルとして要求される時代にあって，データの何に注目し，どのような手法をもって分析し，そして結果をどのようにアピールするのか，その方向性を示すことを本シリーズは目指している．

　本シリーズを通じて，多くの方々にデータ分析およびR/RStudioの魅力を伝えることができれば幸いである．

2016年7月　　　　　　　　　　　　　　　　　　　　　　　　　　　　　　　石田基広

序

　Rによるデータ解析について解説した書籍は数多くあるが、「データ解析という作業」について解説した書籍は少ない。本書はRStudioを活用して**再現可能なデータ解析とレポート作成**を身につけるための一冊である。

　再現可能性とは何だろうか。

　科学における再現可能性とは、同じ環境で同じ実験や調査を行えば同じデータが得られて同じ結論が導かれるということである。たとえ一度は華々しく脚光を浴びた研究成果でも、再現性が低ければいつかは淘汰されることになる。

　近年、一部の科学分野は再現可能性の危機に直面している。例えば、過去の心理学の研究のなかで結果が再現できるものは40%に満たないという衝撃的な論文が、2015年にScience誌で発表された[1][2]。このような背景から、科学者の間では既存の研究の再現可能性を評価する追試研究の重要性が見直されつつある。また、事前登録制度の活用など、なんとかして再現可能性の高い研究を行おうという気運が強まっている。

　このような再現可能性の問題は一部の科学分野のものだけではない。データ解析に携わる人なら、自分で解析した結果の再現可能性について考えたことがある人は多いだろう。解析した結果を再現できなくて冷や汗をかいたことがある人も少なくないかもしれない。

　第1章で詳しく紹介するが、データ解析は再現可能性が問題となる代表的な事例である。手にしたデータ解析結果を翌日に再現できないなら、誰もそのデータ解析の結果をビジネスの意思決定に活かしたいとは思わないだろうし、そのような再現できない結果を報告してくる人を信用しようとは思わない。

　このように、データ解析に携わる人にとって再現可能性を高めることが重要な課題であることに間違いはない。では、どうすれば再現可能なデータ解析とレポート作成を行うことができるか。その問いに答えるのが本書の役目である。

　さて、本書と同じく共立出版から「Useful R」第9巻として『ドキュメント・プレゼンテーション生成』を刊行したのが2014年6月である。『ドキュメント・プレゼンテーション生成』では、Rによる再現可能なレポート作成について解説したが、当時はコンソール上で**knitr**パッケージを直接操作する方法がメインで、初心者には多少ハードルが高かったかもしれない。

---

[1] http://science.sciencemag.org/content/349/6251/aac4716
[2] 心理学における再現可能性の問題については心理学評論の特集号『心理学の再現可能性：我々はどこから来たのか　我々は何者か　我々はどこへ行くのか』に詳しい。http://team1mile.com/sjpr59-1/にてすべての論文がオープンアクセスで公開されている。

しかし『ドキュメント・プレゼンテーション生成』から3年余りを経て、Rを取り巻く環境は大いに進歩している。その立役者が、何といっても近年台頭してきたRStudioである。

実は再現可能性という観点からは、『ドキュメント・プレゼンテーション生成』の当時と比べて現在でもやれることはそう多くは変わっていない。変わったのはやりやすさである。

RStudioにより、再現可能性の高いデータ解析とレポート作成のための作業プロセスを誰でも容易に導入できる。RStudioにより、これらの作業の効率を大幅に上げることができる。今では再現可能なデータ解析とレポート作成は、一部のエキスパートだけでなく誰もが使える技術となっている。このような理由から、『ドキュメント・プレゼンテーション生成』の続編という位置づけで本書を刊行するに至った。

Rの初心者からエキスパートまで、まだ再現可能な作業形態を導入してない場合には、本書によって再現可能なデータ解析とレポート作成の意義を感じ取って、実際に自分の作業の中に導入してほしい。すでに再現可能な作業形態を導入している場合にも、本書によってさらにスキルアップして、再現可能性を高めて、作業効率を上げてほしい。すべての読者が、RStudioによる再現可能なデータ解析とレポート作成の恩恵を享受できるようになれば、筆者としてこの上ない幸せである。

謝辞

本書の刊行にあたり、脱稿を気長に待って頂いた共立出版の石井徹也さん、大谷早紀さん、監修として厳しい締切を設けるとともに暖かく執筆を見守って頂いた石田基広先生、レビューをして頂いた編集委員の皆様、RStudioやRマークダウンに関して大変参考になる資料を公開してくださっている@kazutanさん こと前田和寛氏(比治山大学短期大学部)、そしてなんとなくr-wakalangの皆様に厚くお礼申し上げたい。

本書の構成と対象とする読者

本書の構成は次のとおりである。

- 第1章: データ解析とレポート作成における「再現可能性」の紹介や意義などの解説。
- 第2章: RStudioの紹介と基本的な機能、操作の解説。
- 第3章: RStudioによる再現可能なデータ解析の解説。
- 第4章: Rマークダウンによる再現可能なレポート作成の解説。
- 第5章: Rマークダウンの多彩な表現力を活かす手法の解説。
- 第6章: さらなる再現可能性の向上に向けた手法の解説。
- 第7章: RStudioを使いこなすための機能の解説。
- 付録A: マークダウン記法。

- 付録 B: R マークダウンのオプション (チャンクオプションとパッケージオプション)。

　第 1 章では初心者を対象に「再現可能性」について解説しているが、中上級のユーザも確認の意味で、ぜひ読んでみてほしい。

　第 2 章は RStudio の紹介、基本機能、操作方法などの説明である。すでに RStudio を使いこなしている場合には、第 2 章は読み飛ばしても構わない。

　第 3 章と第 4 章が本書の中心である。第 1 章で紹介するように、再現可能性はデータ解析とレポート作成の 2 段階に分けることができる。第 3 章ではデータ解析フローで再現可能性を高める方法を解説する。スクリプトの利用に始まり、データ読み込みの自動化や解析結果の保存の自動化などの解説、また、プロジェクトなど、再現可能性を高めるための RStudio の機能も紹介する。現在、R スクリプトを使わずにアドホック[3]なデータ解析を行っている場合は、まずは R スクリプトで再現可能なデータ解析を行うことを身につけてほしい。

　第 4 章ではレポート作成フローに R マークダウンを導入することで再現可能性を高める方法を解説する。R マークダウンファイルの書き方やレポートの生成方法などを紹介する。第 3 章と第 4 章の内容を身につければ、再現可能なデータ解析とレポート作成を実践できるようになる。

　第 5 章から第 7 章までは応用的な内容である。第 5 章では、R マークダウンによるプレゼンや本の作成、**htmlwidgets** ベースの可視化など、R マークダウンの多彩な表現力を活かす術を紹介する。一歩進んだレポート作成技術を身につけたい場合には目を通すとよいだろう。第 6 章では、バージョン管理システムやパッケージ環境の再現など、データ解析やレポート作成の再現可能性をさらに向上させる術を紹介する。第 7 章では、デバッグやコード診断など、RStudio のディープな世界を紹介する。

　付録 A にはマークダウン記法を、付録 B には R マークダウンのオプションを、リファレンスとして使えるように一覧できる形で掲載しているので、必要に応じて参考にしてほしい。

　本書で想定する読者層について説明しよう。

　本書では R そのものの使い方や文法、関数などの解説はしないので、少なくとも R でデータ解析をこなすことができる、またはその経験があることが必須である。R は使えるがアドホックな解析しかしていないので限界を感じているという人から、R マークダウンを使って再現可能なデータ解析とレポート作成を行っているがクオリティをさらに高めたいという人まで、幅広い読者層に有益な情報を掲載したつもりである。

　各スキルレベルに対応する章は次のとおりである。自分のスキルに合わせて読み進めてほしい。

- R は使えるが、そろそろ RStudio を使い始めたい→第 2 章。
- アドホックな解析に限界を感じているので、スクリプトを使った再現可能なデータ解析を学びたい→第 3 章。
- レポートの作成でワープロソフトやスライド作成ソフトへのコピペに疲弊しているので、レポートの作成に R マークダウンを使ってみたい→第 4 章。
- すでに R マークダウンを使っているが、さらにかっこいいレポートを作成したい→第 5 章。
- すでに再現可能性を意識してデータ解析とレポート作成を行っているが、さらに再現可能性を高めたい→第 6 章。

---

[3] 「アドホック」の意味については第 1 章で解説している。

- RStudio を十分に活用していない気がするので、RStudio ウィザードになって仕事の効率を上げたい→第 7 章。

本書執筆時の環境

本書ではコードやスクリプトなどは黒枠、R の出力 (実行結果) はグレー領域で示す。

```
1  コード・スクリプト・R マークダウンなど
```

```
実行結果
```

本書執筆時 (2017 年 4 月) の実行環境は次のとおりである。

```r
1  # RStudio のバージョン情報
2  rstudioapi::versionInfo()$version
```

```
## [1] '1.0.143'
```

```r
1  # R の情報
2  sessionInfo()
```

```
## R version 3.4.0 (2017-04-21)
## Platform: x86_64-apple-darwin15.6.0 (64-bit)
## Running under: macOS Sierra 10.12.6
##
## Matrix products: default
## BLAS: /Library/Frameworks/R.framework/Versions/3.4/Resources/lib/libRblas.0.dylib
## LAPACK: /Library/Frameworks/R.framework/Versions/3.4/Resources/lib/libRlapack.dylib
##
## locale:
## [1] ja_JP.UTF-8/ja_JP.UTF-8/ja_JP.UTF-8/C/ja_JP.UTF-8/ja_JP.UTF-8
##
## attached base packages:
## [1] stats     graphics  grDevices utils     datasets  methods   base
##
## other attached packages:
## [1] magrittr_1.5 knitr_1.17
##
## loaded via a namespace (and not attached):
## [1] compiler_3.4.0  backports_1.1.1 bookdown_0.5    rprojroot_1.2
## [5] tools_3.4.0     htmltools_0.3.6 rstudioapi_0.7  yaml_2.1.14
## [9] Rcpp_0.12.13    stringi_1.1.5   rmarkdown_1.7   stringr_1.2.0
```

```
## [13] digest_0.6.12   evaluate_0.10.1
```

本書の内容は、RStudio バージョン 1.0 に基づいている。しかし、筆者の本書の執筆開始から脱稿まで半年余りが経過してしまい、その間に RStudio バージョン 1.1 がリリースされてしまった。本書で触れる内容に関して、大きな変化はないが、必要に応じてバージョン 1.1 の変更点に関する注を記した。

また、R マークダウンで利用されているドキュメント変換ツール Pandoc のバージョンが 1 から 2 へと上がっている。本書の内容で修正が必要な点についてはサポートサイトにて情報提供する予定である。

RStudio 開発陣からのメッセージ

本書を刊行するにあたり、RStudio Inc. のメンバーである Hadley Wickham 氏 (**tidyverse** パッケージの提唱者) と Yihui Xie 氏 (**knitr** パッケージの開発者) から、日本の読者に向けてのメッセージを寄せてもらったので、ここに抄訳を載せておく。筆者のことを少しばかり褒め過ぎな感があるが、ご愛嬌ということで容赦願いたい。

まずは Hadley からのメッセージ。

> 再現可能性は現在のデータ解析のなかで極めて重要なスキルであり、良い研究を行うための土台となるものです。この本を手に取った皆さんは、何も心配しなくていいでしょう。kohske (注: 筆者のこと) は ggplot2 の開発にも貢献している優れた R プログラマーです。kohske と一緒に再現可能性を習得しましょう。頑張ってください。
>
> Hadley
>
> PS. rpubs.com には kohske が作った私のお気に入りの「再現可能な R スクリプト」が 2 つあります: https://rpubs.com/kohske/64032 と https://rpubs.com/kohske/211993 です;)

続いて、Yihui Xie からのメッセージ。

> kohske が RStudio と R マークダウンについての本を出すということで、とても嬉しく思っています。私は日本語はわかりませんが、日本文化にとても興味があります。和風のインテリアデザインや一期一会のような禅の哲学など、日本文化の精神がとても好きです。バドミントンをやるので、日本選手の試合を見るのも好きです。そしてとりわけ、日本のアニメ、Naruto のとんでもない想像力が大好きです。中国語のウェブサイト[4]で Naruto についてよく語っています。私が作った R パッケージの一つ **xaringan** は、Naruto の寫輪眼から名付けたものです。私が作った R パッケージについて日本のユーザがツイッターで議論しているのを、翻訳ツールでたまに見ています。私の人生の目標の一つは、いつか Masashi Kishimoto(訳注: Naruto の作者) に R マークダウンを使ってもらうこ

---

[4] https://Yihui.name/cn/

とです。旅行は好きではありませんが、日本に行きたいと思っています。

最初に kohske と関わったのは、**formatR** パッケージの開発です。kohske は `tidy_source` 関数に、=を自動的に<-に変換するという重要な機能を加えました。私はとても驚き、日本のプログラマーの技術の高さを実感しました。印象に残っている日本のプログラマーがあと2人います。@yutannihilation 氏は **knitr** パッケージの開発に貢献してくれています。@kazutan 氏はいろいろな情報をツイッターに上げてくれます。とても感謝しています。

再現可能性は重要です。このことは、この本を通じて kohske が十分に説明してくれると確信しています。**knitr** とRマークダウンはコードと文書をまとめ上げるために開発されました。これによって、レポート作成での統計解析の信頼性と簡便性が高められます。RStudio はRの開発者やユーザに効率的な作業環境を提供するようにデザインされています。私は昔は Emacs ユーザでしたが、後になって RStudio とRの組み合わせがもたらす深みに気づきました。よく考えられた機能がたくさんあり、これは日本文化の精神にもよく合っていると感じます。読者の皆さんも同じように感じてくれることを願っています。そして RStudio とRマークダウンを楽しんでくれることを心から願っています！

RStudio チームの活動

RStudio という名称は、通常は本書で紹介するR用 IDE というアプリケーションを指すことが多いだろう。しかし RStudio の開発を行っている RStudio Inc. がさまざまなサービスや製品開発を手がけるようになってからは、RStudio という名称が RStudio 開発チームのことを指すようにもなってきた。それほどまでに、RStudio チームはR界隈において存在感を増している。本書の内容に入る前に、RStudio チームという組織、そして RStudio チームが開発するサービスや製品を紹介しておこう。

RStudio Inc. は JJ Allaire 氏 (ColdFusion の開発者) により 2008 年に設立され、以降、RStudio の開発を中心に、Rに関連する製品開発やサービスの提供を進めている。RStudio チームの規模は日に日に大きくなり、現在では 40 名以上のエンジニアや研究者が所属している。2012 年夏には **ggplot2** パッケージの開発者としても有名で、当時から日本でも人気が高かった Hadley Wickham 氏が RStudio チームに加わり[5]、巷を賑わせたことは記憶に新しい。

RStudio 以外の代表的な製品やサービスには次のようなものがある。

- Shiny[6]：データ解析と可視化のためウェブアプリケーションを作成するパッケージ。本書では解析結果のアウトプットとして旧来のレポートやプレゼンを想定しているが、アウトプットとして Shiny によるウェブアプリケーションを作成する場面も増えてきており、今後はますます発展していくだろう。ローカル環境でも動かすことができるが、RStudio では Shiny アプリケーションをサーバ上で動かすための Shiny Server (無償) や Shiny Server Pro (有償) といっ

---

[5] https://blog.rstudio.org/2012/08/20/welcome-hadley-winston-and-garrett/

[6] https://www.rstudio.com/products/shiny/

た製品[7]、Shinyapps.io[8] という無償で手軽に使えるウェブアプリケーション動作環境を提供している。

- RStudio Connect[9]: RStudio チームが提供するデータ解析に関するさまざまなサービス (Shiny ウェブアプリケーション、R マークダウンレポート、ダッシュボード、グラフなどなど) をチームで共有するための有償サービス。RStudio の [Publish] ボタンから簡単に使える。
- RPubs[10]: R マークダウンで作成したレポートを公開できる無償スペース。すべて公開が前提なので業務での利用は避けた方がよいだろう。

また R を快適に、便利に、ストレスなく使うためのさまざまなパッケージを開発、公開している[11]。一部のパッケージ群は **tidyverse** という概念[12] の下に集約されつつある。RStudio が開発に関わっている **tidyverse** のパッケージを以下に紹介しておこう。

- **ggplot2**: 言わずと知れた可視化パッケージ。
- **dplyr**: データ操作。
- **tidyr**: 直感的で効率的なデータ整形。
- **readr**: 表形式データの読み書きのためのパッケージ。
- **purrr**: 関数型プログラミングのサポート。
- **tibble**: データフレームの拡張。
- **hms**: 時間 (時分秒) の処理。
- **stringr**: 文字列処理。
- **lubridate**: 日付と時間の処理。
- **forcats**: 因子 (`factor`) 型データの処理。
- **haven**: R 以外の形式のデータファイルの読み書き。
- **readxl**: Excel 形式のデータの読み込み。

製品、サービス、パッケージの開発以外にも、RStudio::conf というカンファレンス[13] や Webinar と呼ばれるウェブ上で行うセミナーの開催[14]、製品のリリース情報や RStudio チームに加わったメンバーの情報などが掲載される開発者ブログ[15] や R Views[16] という RStudio 製品の導入事例を含む雑多な楽しい記事を掲載するブログを公開している。

RStudio チームの活動にはこれからも目が離せない。最新の情報をフォローしたい場合は、以下のサイトやツイッターをチェックしよう。

- RStudio の公式ツイッター (@rstudio): `https://twitter.com/rstudio`
- RStudio の中の人がつぶやく tips (@rstudiotips): `https://twitter.com/rstudiotips`
- RStudio の開発者ブログ: `https://blog.rstudio.org/`

---

[7] `https://www.rstudio.com/products/shiny-server-pro/`
[8] `https://www.rstudio.com/products/shinyapps/`
[9] `https://www.rstudio.com/products/connect/`
[10] `http://rpubs.com/`
[11] `https://www.rstudio.com/products/rpackages/`
[12] `http://tidyverse.org/`
[13] `https://www.rstudio.com/conference/`。RStudio チームによるワークショップなどもある。
[14] `https://www.rstudio.com/resources/webinars/`
[15] `https://blog.rstudio.org/`
[16] `https://rviews.rstudio.com/`

- RStudio の情報をいち早く捕捉してアナウンスするアカウント (@kazutan、非 bot): `https://twitter.com/kazutan`

参考になる情報源

　本書を読み進めながら RStudio による再現可能なデータ解析とレポート作成を実践する上で、参考になる情報源を紹介しておこう。とくにコミュニティサイトは心強い味方である。一人でやろうとすると心が折れてしまうことでも、仲間がいれば乗り越えられる。有効に活用して、再現可能なデータ解析とレポート作成の技術を身につけるとともに、一緒に R コミュニティを盛り上げてほしい。

- RStudio のチートシート[17]。公式は英語だが、下の方にスクロールしていくと RStuido IDE、R Markdown などについては日本語翻訳もあるので、印刷して手元に置いておこう。
- r-wakalang[18]。slack 上の日本語の R コミュニティ (解説[19] と登録サイト[20])。どんな質問でも気軽にできる。むしろ回答したい人が質問に飢えている状態と表現する方が正しい。2017 年 5 月現在のユーザ数は 400 人弱。
- stackoverflow の R 関連タグ[21]。言わずと知れた QA サイト。大抵のことは解決する (ただし英語)。ちなみに筆者も昔はよく出没していたので、R タグの金バッジを持っている (プチ自慢)[22]。

商標について

- Windows, Microsoft, Word, Excel および PowerPoint は米国 Microsoft Corporation の米国およびその他の国における登録商標または商標です。
- Mac および MacOS は、米国およびその他の国で登録された Apple Inc. の商標です。

---

[17] `https://www.rstudio.com/resources/cheatsheets/`
[18] `https://r-wakalang.slack.com/`
[19] `http://qiita.com/uri/items/5583e91bb5301ed5a4ba`
[20] `https://r-wakalang.herokuapp.com/`
[21] `http://stackoverflow.com/questions/tagged/r`
[22] `https://stackoverflow.com/users/314020/kohske`

目次

Chapter 1　再現可能性のすゝめ　　1

1.1　アドホックなデータ解析とその問題点 ･････････････････ 2
1.2　Rスクリプトの導入とその問題点 ･･････････････････････ 4
1.3　再現可能なデータ解析とその問題点 ････････････････････ 6
1.4　Rマークダウンによる再現可能なレポート作成 ･･･････････ 8
1.5　再現可能なデータ解析とレポート作成のメリット ････････ 10

Chapter 2　RStudio 入門　　13

2.1　RStudio とは ･･････････････････････････････････････ 13
2.2　RStudio のダウンロードとインストール ････････････････ 14
2.3　はじめての RStudio ････････････････････････････････ 16
2.4　まずは RStudio を動かしてみよう ････････････････････ 17
2.5　RStudio での作業パターン ･･････････････････････････ 18
2.6　タブの紹介 ･･ 19
　　2.6.1　ファイルタブ (Files) ･･････････････････････････ 19
　　2.6.2　プロットタブ (Plots) ･････････････････････････ 20
　　2.6.3　ヘルプタブ (Help) ･･･････････････････････････ 21
　　2.6.4　ビューアタブ (Viewer) ･･･････････････････････ 22
　　2.6.5　パッケージタブ (Packages) ･･･････････････････ 22
　　2.6.6　環境タブ (Environment) ･････････････････････ 23
　　2.6.7　履歴タブ (History) ･･････････････････････････ 24
　　2.6.8　ビルドタブ (Build) ･･････････････････････････ 25
　　2.6.9　VCS タブ ････････････････････････････････････ 25
　　2.6.10　コンソールタブ (Console) ･･･････････････････ 25
　　2.6.11　Rマークダウンタブ ･････････････････････････ 25
　　2.6.12　エディタタブ ･･････････････････････････････ 26
　　2.6.13　データビューアタブ ････････････････････････ 26

2.6.14 関数ビューアタブ ・・・・・・・・・・・・・・・・・ 27
2.6.15 RStudio バージョン 1.1 での変更点 ・・・・・・・・・ 27
2.7 ツールバー ・・・・・・・・・・・・・・・・・・・・・・・・ 28
2.8 メニューバー ・・・・・・・・・・・・・・・・・・・・・・・ 29
2.9 Windows での日本語の利用 ・・・・・・・・・・・・・・・・ 29

Chapter 3　RStudio による再現可能なデータ解析　31

3.1 R スクリプトによる解析 ・・・・・・・・・・・・・・・・・・ 31
3.1.1 R スクリプトを使ったデータ解析の手順 ・・・・・・・・ 32
3.1.2 データ解析の結果をこまめに確認する ・・・・・・・・・ 33
3.1.3 クリーンな状態でデータ解析を実行する ・・・・・・・・ 37
3.2 はじめて R スクリプトを使うためのチュートリアル ・・・・・ 37
3.2.1 R スクリプトの作成とオープン ・・・・・・・・・・・・ 37
3.2.2 R スクリプトファイル用のエディタタブ ・・・・・・・・ 38
3.2.3 R スクリプトの実行 ・・・・・・・・・・・・・・・・・ 40
3.2.4 R スクリプトの部分実行 ・・・・・・・・・・・・・・・ 42
3.2.5 コメントを書こう ・・・・・・・・・・・・・・・・・・ 42
3.2.6 コードセクションを活用しよう ・・・・・・・・・・・・ 43
3.3 プロジェクト機能を利用する ・・・・・・・・・・・・・・・・ 44
3.3.1 解析フローをプロジェクトとして意識する ・・・・・・・ 44
3.3.2 プロジェクトの作成 ・・・・・・・・・・・・・・・・・ 45
3.3.3 プロジェクトを開く ・・・・・・・・・・・・・・・・・ 47
3.3.4 なぜプロジェクトを使うのか ・・・・・・・・・・・・・ 48
3.3.5 プロジェクトのオプション ・・・・・・・・・・・・・・ 49
3.4 データの読み込みの自動化 ・・・・・・・・・・・・・・・・・ 50
3.4.1 同じ解析を繰り返すならデータソースはいじるな ・・・・ 51
3.4.2 表形式のテキストファイルを読み込む ・・・・・・・・・ 52
3.4.3 ごちゃごちゃしたテキストファイルを読み込む (外部ツールの力を借りる篇) 54
3.4.4 ごちゃごちゃしたテキストファイルを読み込む (R で頑張る篇) ・・・ 56
3.4.5 Excel ファイルを読み込む ・・・・・・・・・・・・・・ 56
3.4.6 他の統計ソフトのファイルを読み込む ・・・・・・・・・ 57
3.4.7 大量のファイルを読み込む ・・・・・・・・・・・・・・ 59
3.5 解析結果の保存の自動化 ・・・・・・・・・・・・・・・・・・ 60
3.5.1 グラフを保存する ・・・・・・・・・・・・・・・・・・ 60
3.5.2 表形式のデータを保存する ・・・・・・・・・・・・・・ 62
3.5.3 出力結果をテキスト保存する ・・・・・・・・・・・・・ 63
3.5.4 **broom** パッケージによる解析結果の整理 ・・・・・・・ 64
3.5.5 R オブジェクトを保存する ・・・・・・・・・・・・・・ 65

Chapter 4　RStudio による再現可能なレポート作成　　67

- 4.1　再現可能なレポートづくりを目指そう ・・・・・・・・・・・・・・・ 67
  - 4.1.1　どこまでやるか ・・・・・・・・・・・・・ 67
- 4.2　R マークダウンによるレポート生成：最初の一歩 ・・・・・・・・・ 68
  - 4.2.1　R マークダウンファイルの新規作成 ・・・・・・・・・ 68
  - 4.2.2　R マークダウンファイルの内容 ・・・・・・・・・ 70
- 4.3　コードの記述と動作の制御 ・・・・・・・・・・・・・・・・・・・ 74
  - 4.3.1　チャンクラベル ・・・・・・・・・・ 74
  - 4.3.2　チャンクオプション ・・・・・・・・・ 75
  - 4.3.3　セットアップチャンク ・・・・・・・・・ 75
  - 4.3.4　使えるチャンクオプション ・・・・・・・・・ 76
- 4.4　ドキュメントの記述 ・・・・・・・・・・・・・・・・・・・・・・ 78
  - 4.4.1　インラインコード ・・・・・・・・・ 78
  - 4.4.2　画像の挿入 ・・・・・・・・・ 79
- 4.5　YAML ヘッダによるレポートのメタデータ設定 ・・・・・・・・・ 80
  - 4.5.1　レポート形式の指定 ・・・・・・・・・ 80
  - 4.5.2　出力オプションの指定 ・・・・・・・・・ 81
- 4.6　レポート生成の実行 ・・・・・・・・・・・・・・・・・・・・・ 82
  - 4.6.1　**knitr** パッケージオプション ・・・・・・・・・ 84
- 4.7　R マークダウン編集サポートツール ・・・・・・・・・・・・・・・ 84
  - 4.7.1　ノートブックモード ・・・・・・・・・ 86
  - 4.7.2　R ノートブック ・・・・・・・・・ 87
- 4.8　R スクリプトからレポート生成 ・・・・・・・・・・・・・・・・ 87
  - 4.8.1　R スクリプトと R マークダウンの変換 ・・・・・・・・・ 90

Chapter 5　R マークダウンによる表現の技術　　91

- 5.1　さまざまな形式のレポート作成 ・・・・・・・・・・・・・・・・ 91
  - 5.1.1　文書 ・・・・・・・・・ 92
  - 5.1.2　プレゼンテーション ・・・・・・・・・ 92
  - 5.1.3　学術雑誌用フォーマット ・・・・・・・・・ 95
  - 5.1.4　その他 ・・・・・・・・・ 96
- 5.2　**bookdown** による書籍の作成 ・・・・・・・・・・・・・・・・・ 97
  - 5.2.1　最小限のデモを使ったチュートリアル ・・・・・・・・・ 98
  - 5.2.2　**bookdown** プロジェクトの構造 ・・・・・・・・・ 98
  - 5.2.3　特殊な見出し ・・・・・・・・・ 100
  - 5.2.4　相互参照 ・・・・・・・・・ 100
  - 5.2.5　**bookdown** のカスタマイズ ・・・・・・・・・ 101
  - 5.2.6　出力フォーマット ・・・・・・・・・ 102
- 5.3　**flexdashboard** でエッセンスを伝える ・・・・・・・・・・・・・ 103

	5.3.1	ダッシュボードのレイアウト ・・・・・・・・・・・・・・・	104
	5.3.2	ダッシュボードの表現手法 ・・・・・・・・・・・・・・・・	106
5.4	**htmlwidgets** によるインパクトのある可視化 ・・・・・・・・・・		107
	5.4.1	leaflet ・・・・・・・・・・・・・・・・・・・・・・・	108
	5.4.2	DiagrammeR ・・・・・・・・・・・・・・・・・・・・・	110
	5.4.3	dygraphs ・・・・・・・・・・・・・・・・・・・・・・	111
	5.4.4	networkD3 ・・・・・・・・・・・・・・・・・・・・・・	112
	5.4.5	rbokeh ・・・・・・・・・・・・・・・・・・・・・・・	113
	5.4.6	plotly ・・・・・・・・・・・・・・・・・・・・・・・・	114
	5.4.7	rgl ・・・・・・・・・・・・・・・・・・・・・・・・・	115
5.5	表を極める―正確さと効率の両立 ・・・・・・・・・・・・・・・・		116
	5.5.1	`kable` による手軽な表出力 ・・・・・・・・・・・・・・	116
	5.5.2	**DT** パッケージによる美しく高機能な表 ・・・・・・・・・	117
5.6	文献目録の作成 ・・・・・・・・・・・・・・・・・・・・・・・・		118

Chapter 6 再現可能性を高める　　121

6.1	バージョン管理システムによる解析プロジェクトの管理 ・・・・・・・		121
	6.1.1	RStudio プロジェクトに Git を導入する ・・・・・・・・・	123
	6.1.2	RStudio で Git を使う ・・・・・・・・・・・・・・・・	124
6.2	再現できる環境づくり: **packrat** 編 ・・・・・・・・・・・・・・		125
	6.2.1	最初の一歩 ・・・・・・・・・・・・・・・・・・・・・・	126
	6.2.2	パッケージ環境の記録 ・・・・・・・・・・・・・・・・・	128
	6.2.3	パッケージ環境の再構築 ・・・・・・・・・・・・・・・・	128
	6.2.4	パッケージ環境の整理 ・・・・・・・・・・・・・・・・・	130
	6.2.5	プロジェクトとパッケージ環境の共有 ・・・・・・・・・・	130
6.3	パラメータ付き R マークダウン ・・・・・・・・・・・・・・・・・		130
	6.3.1	パラメータを利用する ・・・・・・・・・・・・・・・・・	131
	6.3.2	パラメータの値を指定する ・・・・・・・・・・・・・・・	131
6.4	R 以外の言語エンジンの利用 ・・・・・・・・・・・・・・・・・・		133
6.5	外部の R マークダウンと R スクリプトの読み込み ・・・・・・・・・		134
6.6	R マークダウンで後ろ向き参照 ・・・・・・・・・・・・・・・・・		136

Chapter 7 RStudio を使いこなす　　139

7.1	RStudio のオプション ・・・・・・・・・・・・・・・・・・・・		139
7.2	コード補完機能 ・・・・・・・・・・・・・・・・・・・・・・・・		141
7.3	コードスニペット ・・・・・・・・・・・・・・・・・・・・・・・		142
7.4	コードの診断 ・・・・・・・・・・・・・・・・・・・・・・・・・		143
	7.4.1	プロファイル ・・・・・・・・・・・・・・・・・・・・・	144
7.5	RStudio によるデバッグ ・・・・・・・・・・・・・・・・・・・		146

7.5.1 ブレークポイント ・・・・・・・・・・・・・・・146
7.5.2 条件付きデバッグ ・・・・・・・・・・・・・・147
7.5.3 関数単位のデバッグ ・・・・・・・・・・・・・147
7.5.4 エラー時のデバッグ ・・・・・・・・・・・・・147
7.5.5 デバッグモード ・・・・・・・・・・・・・・・148
7.5.6 Rマークダウンファイルのデバッグ ・・・・・・149

付録A　マークダウン記法　　　151

付録B　チャンクオプション　　　155

索　引　　　163

Chapter 1

再現可能性のすゝめ

　再現可能性とは何だろうか。なぜ必要なのだろうか。どういうメリットがあるのだろうか。

　再現可能性とは一言でいえば「いつでもどこでもだれでも同じモノを再現できること」である。データ解析という文脈では、同じデータがあったときに、いつでもどこでもだれでも同じ解析結果を再現できることである。

　本書では、この「再現可能性」という概念を前面に押し出し、再現可能なデータ解析とレポート作成を追求するが、その前に、なぜ再現可能性が必要で、どういうメリットがあるのかを説明しておこう。

　データ解析を行うツールには、電卓や表計算ソフト、SPSS や SAS などの統計ソフト、そして本書で扱う R など、多くのものがある。これらのツールは解説書なども多く、初心者に優しい機能が備えられており、例えばクリックやドラッグ＆ドロップだけである程度のデータ解析を行うことも可能である。このような状況は再現可能性とは無縁の「アドホック[1]なデータ解析」と呼ばれ、本来は避けた方がよい作業形態ではあるが、なんとなくデータ解析業務をこなせていて不満がないために、改善しようと考える機会はあまりないかもしれない。

　筆者に言わせれば、このような状況は端的に「もったいない」。データ解析のフローに再現可能性を導入するというたった一手間をかけるだけで、仕事の品質や信頼性、そして作業効率も格段に向上する。このことを知らずにいつまでもアドホックな作業形態に頼っているのは、ただただもったいない。

　そこで本章では、架空の (しかしありがちな) 例を通して、従来のアドホックな解析から、再現可能な分析に移行するメリットを紹介する。この道程を追えば、現在アドホックなデータ解析に甘んじていることがどれだけ「もったいない」かわかるはずである。

---

[1] 直訳すると「その場しのぎの」「その場限りの」という意味であり、本書の文脈においては同じ結果を再現できない状況へとつながるあらゆる要因のことを指す。

1.1 アドホックなデータ解析とその問題点

たこ焼き屋で働き始めたジョンは、たこ焼きがうまく焼けるようになるまでの間、少しでもお店に貢献できるようにと売上データの解析を引き受けることにした。表計算ソフトの使い方を思い出しながら、まずは1ヶ月の売上の推移をグラフにして、ボスに見せたところ・・・。

> ボス
> 「素晴らしいじゃないか、ジョン。ついでに客数、売上、販売員のデータもあるから、わかりやすくグラフにしてくれないか？」

最初は集計、解析、グラフ化にも表計算ソフトを使い続けていたが、限界を感じて、とうとう R を使い始めたジョン。R のコンソールに向かい、表計算ソフトできれいに整形したデータを R で読み込んで、必要なコマンドを入力して、目当てのグラフが完成した。

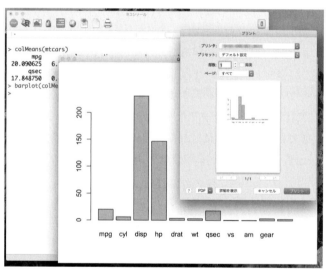

図1.1 アドホックなデータ解析。コンソールにコマンドを入力してグラフを表示、それを印刷しようとしているところである。

そのグラフを印刷してボスに見せたら大喜びだ。

> ボス
> 「販売員によってだいぶ売上が違うみたいだなぁ。グラフのここの部分を目立つようにしてくれないか？」

ジョンは早速、グラフの色を変更する作業に取り掛かった。
再び R のコンソールに向かい、先程やったことを思い出しながら、先程

と同じようにデータを読み込んで、先程実行したコマンドを入力して、目当てのグラフが完成した・・・つもりのジョン。しかし、何かが違うようだ。ボスに渡したものと同じグラフができない。

> **ジョン**
> (やばっ・・・なぜ？ コマンドが抜けてるのか？ データをちゃんと読み込めてないのか？ そもそもさっき見せたやつは正しいのか？)

こうなってしまっては、先程ボスに見せたグラフを再現することは不可能である。ジョンは途方に暮れて、これからはRスクリプトを使って再現可能なデータ解析と行おうと心に誓ったのである。

このケースでのジョンの問題は、コンソールでインタラクティブに(対話的に)コマンドを実行してデータ解析を行っている点にある。特に初心者の場合、目の前のデータに対して、書籍やサンプルサイトを片手に、さまざまなRのコマンドを使って試行錯誤しながら解析を進めることになるだろう。このようにコンソールでの対話的な作業に頼ってしまうと、目当ての結果や望みどおりのグラフができたとしても、そのために必要なコマンドを後から再び実行することは極めて困難である(図1.2)。

図1.2　データ解析のフロー全体。アドホックな解析では、データ解析の中のどの過程も再現可能ではない。データソースと入力データの違いについては後述する。

コンソールでの対話的な解析作業とは、例えて言えばレシピもなく試行錯誤でたこ焼きを作るという作業に近い。試行錯誤の結果、究極のたこ焼きがたまたまできたとしても、材料の配分、火加減や焼き時間、ひっくり返すタイミングなどは何もわからない。結果、その究極のたこ焼きを再現することは困難である。

筆者の主観的な観測と印象では、コンソールでの対話的な作業というアドホックな解析を行っている人は思った以上に多い。読者の中にも「以前作ったはずのグラフや統計結果ができない・・・なぜ？」という経験を持つ人がいるのではないだろうか。再現できない結果は、信頼できない。これがデータ解析において致命的な欠陥だということは明らかである。

ではどうしたらよいだろうか。まずはRスクリプト(第3章)の導入である。Rスクリプトは、目当ての結果を出力したり、望みどおりのグラフを作成したりするためのコマンドを記述したものである。データ解析の手順を一つ一つ正確に記したレシピだと思えばよいだろう。

アドホックなデータ解析から再現可能なデータ解析に移行するためには、次のように意識を変えてみよう。**データ解析の最大の目標は、データを解析して**

結果を得ることではなく、データ解析を行うためのレシピを完成させることである、と。

究極のたこ焼きを作ることを目標にするのではなく、究極のたこ焼きを作るためのレシピを仕上げることを目指そう。レシピさえあれば、いつでも誰にでも、その究極のたこ焼きを再現することが可能になる。

1.2　Rスクリプトの導入とその問題点

早速データ解析用のスクリプトを書いたジョン。表計算ソフトできれいに整形したデータをRで読み込んで、スクリプトを実行した。

解析結果やグラフが次々に表示される。試しに一度Rを閉じて、再びスクリプトを実行しても、今度は同じ解析結果やグラフが表示される。ジョンは安心して、ボスの要求どおりにグラフを作った。もちろん、スクリプトを編集して。

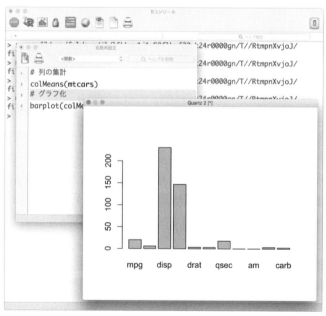

図1.3　スクリプトによるデータ解析。スクリプトを実行すれば、何度でも同じデータ解析を行うことができる。

> **ボス**
> 「素晴らしいじゃないか、ジョン。ところで、実は以前渡したデータには間違いがあったんだ。これが新しいデータだから、このデータを使ってグラフをつくってくれないか？」

早速、仕事に取り掛かり、新しいデータを表計算ソフトで整形してRで

読み込んだジョン。

> **ジョン**
> （今度はスクリプトがあるから、データを読み込んでスクリプトを実行すればいいはず。なんて効率的なんだ！）

ところがデータを読み込んでスクリプトを実行すると、無情にもエラー・・・。どうやらエラーの原因は、読み込んだデータのフォーマットが期待どおりになっていないことのようだ。

表計算ソフトで**手作業によりきれいに整形した**以前のデータと今回のデータ。目で見比べても、どこをどう直せばいいのかわかるはずもなく、ジョンはデータの整形もRスクリプトの中で行おうと心に誓ったのである。

今回の場合、整形された入力データからグラフを作成するというプロセスはRスクリプトによって再現可能なものとなったが、データソースを手作業により整形していたために、残念ながらデータ解析のフロー全体としては再現可能性は保たれていない (図1.4)。再現可能なデータ解析とレポート作成を実践するにあたっては、フロー全体の中でどこからどこまでが再現可能なのかを意識しておく必要がある。

図1.4　データ解析のフロー全体。Rスクリプトの導入により、データ解析部分 (太線) は再現可能となっている。

ここでデータソースと入力データの違いについて説明しておこう。データソースとはいわゆる「生データ」を意味する。このような「生データ」の形式は、その生データを取得する方法によりさまざまである。例えばボスから渡されることもあるだろうし、自分自身でウェブ上から取得することもあるだろう。一方、入力データとは、Rで直接読み込んで、そのままデータ解析処理ができる形式のデータのことである。入力データは機械的に処理されるので、一定の形式 (多くの場合は `data.frame` として読み込み可能な形式) である必要がある。したがって、Rで解析を行うためには手元にある「データソース」からRで解析可能な「入力データ」へと変換する必要がある[2]。

上のジョンの例のように、統計解析やグラフ化の処理が再現可能だったとしても、受け取ったデータ (データソース) を手作業で加工、整形して、入力データとしてデータ解析に回している場合には、同じ結果が再現できるとは限らない。この状況は「入力データが正しければ」という条件付きの再現可能性である。言い換えれば、手作業が発生した時点で、その後のプロセスの再現可能性

---

[2] この変換作業は「下処理」「前処理」などと呼ばれ、データサイエンティストの作業時間の大半を占めているというもっぱらの噂である。

は破綻している。

　解析結果の保存についても同様である。スクリプトを導入することでデータ解析や結果の出力、グラフ化が再現可能なものになったとしても、保存や印刷に手作業があれば、最終的な成果物の再現可能性は保たれていない。

　究極のたこ焼きのレシピを作るには、正しいソースの作り方から材料の配分、焼き方、そして盛り付け方なども含めて、その作業過程すべてをレシピ化する必要がある。たこ焼きを作るときに使う、目の前のたこ焼きソースが「入力データ」である[3]。そのもととなる野菜や果物、調味料などの原材料がたこ焼きソースの「データソース」である。データソース (原材料)、そしてデータソースから入力データへの変換 (つまり原材料からソースの仕込み) が再現できなければ、「たこ焼き焼いたらたこ焼きソースかける」というレシピだけあっても、究極のたこ焼きは再現できない。

　再現可能性という観点からは、理想的にはデータの加工、整形などの下処理から結果の出力やグラフ化まで、すべてをRスクリプト (または自動化された外部ツール) で記述し、手作業を完全に排除するべきである。Rにはこれらの作業を自動化するためのさまざまなパッケージや関数が用意されている (第3章)。

　とは言っても、データソースを自分で収集するとは限らないため、どのようなフォーマットのデータソースが送られてくるかわからず、データの下処理は手作業に頼らざるを得ない場合もあり、悩ましいところである。理想としては、データソースのフォーマットを明確に定めて、データの整形や加工についてもRなどのスクリプトによる再現可能な自動処理を行うべきである。

　なお、コンソールでの対話的な解析作業から、Rスクリプトによるデータ解析に移行することには、もう一つ、作業時間が劇的に削減できるというメリットがある。以前実行したコマンドを思い出しながら、そして再び参考書や解説サイトを眺めながら、手作業で同じコマンドを入力することを想像してみてほしい。これに比べて、Rスクリプトの場合は、そのスクリプトを実行するだけで後は自動的に処理してくれる。このように、再現可能性の導入は、間違いを減らすだけでなく、作業効率を大幅に高めることにもつながるのである。

1.3　再現可能なデータ解析とその問題点

> 　データ解析だけでなく、データソースの加工・整形から結果やグラフのファイルへの保存までRスクリプトで行うようにしたジョン。新しいデータ解析を次々と頼まれるようになり、たこ焼きづくりの練習をする暇がないほどだ。今日は大量の売上データを集計、解析してグラフを100個ほど

---

[3] 当然、小麦粉やタコなどのその他の材料も「入力データ」である。

作成して、ワープロソフトで作成したレポートにペタペタ貼り付けてボスに提出した。

> **ボス**
> 「素晴らしいじゃないか、ジョン。ところでこのグラフのところ、もう少し詳しく知りたいんだけど、どういう解析をやったのか教えてくれないか？」

　解析の内容はRスクリプトの中に残っているので、Rスクリプトからそのグラフを作成した場所を探せばいい。これも再現可能なデータ解析のメリットだ。

　しかし、レポートには100個ほどのグラフが貼り付けられている。手元にはグラフのファイルが100個ほどある。当然、グラフを作成するコードも100個ほどある。

> **ジョン**
> （このグラフはどのデータ解析の結果なんだ・・・？ そもそもグラフを正しい場所に貼り付けたんだろうか・・・？）

　少しずつRスクリプトを実行して、目当てのグラフが作られる場所を探していったジョン。膨大な時間をかけて照らし合わせた結果、100個ほどのグラフの中でいくつかは間違った場所に貼り付けていたことがわかった。

　間違ったレポートを見せたことをボスに謝りながら、これからはレポートづくりにRマークダウン(後述)を使おうと心に誓ったのである。

　今回は、データソースの加工・整形も結果・グラフのファイル保存もRスクリプトで行うようにしたので、データソースから結果・グラフのファイル生成までの範囲は再現可能である。新しいデータが送られてきても、データの加工・整形や結果の出力も含めて、Rスクリプトによって解析フロー全体を再現可能な形で実行できる(図1.5)。

図1.5　データ解析のフロー全体。データソースの加工・整形やファイル保存をRスクリプトで行うようにしたため、データソースから結果・グラフのファイルまでの範囲が再現可能となっている。

　さて、データ解析に慣れてくると、解析手法や可視化・グラフ化にもさまざまなものがあることがわかってくる。解析結果やグラフも膨大な数になる。それらの解析結果やグラフを他人に見せるためにはワープロソフトやプレゼンソフトなどを使ってレポートとしてまとめる必要がある。このような場合、ワープロソフトやプレゼンソフトで解析内容や解析結果を説明するドキュメントを作成して、適切な場所に解析結果やグラフを貼り付けていくという手作業を行

うことが多いだろう。解析フロー全体が自動処理により効率化され、再現可能なものになっていたとしても、多数の解析結果やグラフを手作業で貼り付けていく作業は非常に面倒で時間がかかる上に、当然間違いが起こる余地があるし、再現可能性は保たれていない。

たこ焼きに例えるのは難しいが、たこ焼き器一杯に焼き上げられた究極のたこ焼き、至高のたこ焼き、エビたこ焼き、キムチたこ焼き、明太子たこ焼きなど、さまざまなたこ焼きを皿に盛り付けていく作業を想像してみよう。そもそも大量のたこ焼きを皿に盛り付けること自体面倒で時間がかかる。さらに、たこ焼きづくりを再現できるようになったとしても、たこ焼き器の上では色々な種類のたこ焼きを焼いているので、間違えて別のたこ焼きを盛り付けてしまう可能性もある。

再現可能なレシピによってどんなに完璧な究極のたこ焼きを作ったとしても、別のたこ焼きを出してしまっては意味がない。さらに問題なのが、手作業で盛り付けた時点で、そのたこ焼きが究極のたこ焼きだったのか、別のたこ焼きだったのか、わからなくなってしまうということである。正しいたこ焼きを正しい場所から選んで正しく盛り付ける、そこまで自動化して初めて、本当の意味で再現可能性が保たれるのである。

データ解析に注力すると、レポートの作成は「おまけ」のようなものだと考えてしまうかもしれない。しかし、他人が見るものはそのレポートにほかならない。どんなに立派なデータ解析を行ったとしても、他人に見せるレポートが信用できなければ、そのデータ解析は無意味どころか弊害でしかない。

では、どうすれば再現可能なレポートを作成できるのだろうか。そこでRマークダウンの導入である。Rマークダウンを導入することで、データ解析とレポート作成は一体化したものとなり、データソースからレポートまでの再現可能性が保たれることになるのである。

1.4 Rマークダウンによる再現可能なレポート作成

Rマークダウンを導入すると、データ解析とレポート作成のフロー全体は図1.6のような形になる。

図1.5で示したように、従来のレポートの作成では、Rなどで解析結果やグラフをファイルに出力して(最悪のケースではファイルに保存することなくスクリーンショットなどを駆使して)、別途ワードやパワーポイントなどで作成したドキュメントやスライドの中に貼り付けるという作業を行う。

Rマークダウンによる再現可能なレポート作成では、この「貼り付ける」という発想を転換する必要がある。

ドキュメントの中にRのコードが出力した解析結果やグラフを貼り付けるの

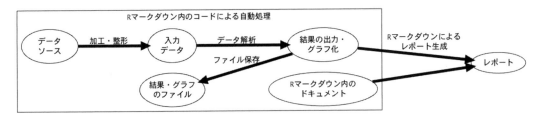

図1.6　データ解析のフロー全体。最終的なレポートの生成まで含めて再現可能となっている。フローは複雑になっているが、Rマークダウンを導入すると自然にこのフローに従い作業が進むことになる。

ではなく、ドキュメントの中に**解析結果やグラフを出力するためのRのコードを埋め込む**のである。そして、レポート生成処理により、そのRのコードが解析結果やグラフへと置き換えられる。レポートの完成である。

したがって、準備するものはRの解析コードが書かれたレポートである。ここにおいて、データ解析とレポート作成が一体化する。こうしておけば、完成版レポートに載っている解析結果やグラフがどのコードにより出力されたのか明らかである。さらに「レポートへの貼り付け」という手作業が入らないので、間違いも減るし、作業時間も大幅に削減できる。

たこ焼きにあてはめるのは相当苦しいが、あえて例えるとすれば、皿に究極のたこ焼きを作るためのレシピを入れておくようなものである。そして注文が入ったら呪文を唱える。すると、レシピがたこ焼きに置き換わった新たな一皿がモリモリっと現れる。こうしておけば、別のたこ焼きを間違えて盛り付けてしまう可能性もなくなるし、仮にできあがったたこ焼きがおかしければ、もとの皿とレシピを確認することで、そのたこ焼きをどのように作ったのか、本当に究極のたこ焼きのレシピが入っていたのか、後から確認することができる。

さらに、再現可能なレポート作成の導入により、「レポートを作成しながらデータ解析を進める」という習慣が身につく。このこと自体は再現可能性とは直接は関係しないが、レポートを作成してドキュメントを記述しながらデータ解析用のコードを書き進めることで、自分が何のためにどのような解析を行っているのかを常に意識することができる。

アドホックなデータ解析を行っていると、暗闇の中で目の前のデータに振り回されながら、使える解析技術を闇雲に投入していく、という状況になりがちである。データ解析の背後には、何を調べたのか、何を知ろうとしたのか、どういう解析をしたのか、どういう結果が得られたのかというストーリーがある。再現可能なレポート作成の導入により、データ解析の過程でそのストーリーを常に意識することになる。データ解析の品質が向上することは間違いない。

1.5 再現可能なデータ解析とレポート作成のメリット

「再現可能性のすゝめ」ということで、再現可能なデータ解析とレポート作成の導入により得られるメリットとして、信頼性の向上、間違いの検証、作業効率の向上の3点をまとめておこう。

まず、**信頼性の向上**。すでに紹介したとおり、データ解析とはデータソースを解析結果やグラフに変換するプロセスである。再現可能なデータ解析の導入により、同じデータソースからならいつでもどこでもだれでも同じ出力やグラフが得られる。さらに再現可能なレポート作成の導入により、同じデータソースからいつでもどこでもだれでも同じレポートを作成できる。仕事が再現できるということは、信頼性が高いということにほかならない。

再現可能性の向上がもたらす2番目のメリットは、**間違いの検証**が可能になるという点である。手作業にはミスがつきものである。これは、アドホックな解析に限らない。RスクリプトやRマークダウンの中にもミスが混入している可能性はある。しかし、アドホックな解析とは違い、再現可能なデータ解析とレポート作成では、そのミス自体も再現されることになる。つまり、何かが間違っていた場合に、何が間違っていたのか後から追跡することが可能なのである。何が間違っていたのかわかれば、当然それを修正することもできる。

再現可能性の向上がもたらす3番目のメリットは、**作業効率の向上**である。再現可能性が高いということは、作業の大部分が自動化されているということであり、当然のことながら、多くの場合、作業時間を減らすことができる(『ドキュメント・プレゼンテーション生成』でも具体的な事例を紹介している)。例えば100個のグラフを保存するのに、すべてを手作業で保存するよりも、Rスクリプトの中にファイル保存する処理を書いて、そのRスクリプトを実行した方が速いのは明らかである。

さらに「もう一度同じような作業が必要になった場合」のことを考えてみよう。実際に、データの追加や更新があった場合や、解析処理の一部を修正したい場合など、このようなケースはよく起こる。その際に、RスクリプトやRマークダウンがあれば、それを再度(必要に応じて一部修正して)実行するだけでよい。再び手作業でコマンドを入力していく必要はない。作業時間が大幅に削減できることは想像に難くない。

なお、再現可能なデータ解析とレポート作成の導入により生じるデメリットはないと断言しておこう。

RスクリプトやRマークダウンを作成する過程では、アドホックな作業が完全になくなるわけではない。当然コンソールでインタラクティブに解析コマンドを試しながら、少しずつ完成に近づけていくことになる。以下のような点に

気をつけながら作業を進めるとよいだろう。

- データソースを手で加工、整形していないか。
- コピペを行っていないか (R のコードを R スクリプトにコピペする作業は除く)。
- コンソールに直接コマンドを入力していないか (R スクリプトを作成する際の動作確認や R スクリプトを実行するためのコマンドはコンソールに直接入力してよい)。
- 手作業で結果やグラフの保存を行っていないか。
- 結果やグラフをコピペや手作業でレポートに貼り付けていないか (R マークダウンでレポートを作る場合)。

解析作業の進め方については 3.1.1 項でも紹介しているので、これから R スクリプト・R マークダウンを導入する場合には参考にしてほしい。

手作業やコピペに加えて、目視によるデータの内容や構造の確認 (**目作業**) も絶対に避けるべきである。例えば、データを表計算ソフトなどで開いて、ある変数の最大値や条件に合うデータの個数などを目で確認して R スクリプトの中にその値を記述する、といったことは絶対にやめよう。手作業を行ったときと同様に、目作業で得られたモノをデータ解析の中で使った段階で、その解析フローの再現可能性は破綻している。目作業の代わりに、データの内容や構造を確認するための関数が R には数多く用意されている (3.1.2 項)。

Chapter 2
RStudio 入門

第 2 章では R 用 IDE[1] である RStudio について、基本的な機能や操作方法を解説する。対象とする製品は RStudio Desktop Open Source License (個人使用を目的とした無償版) である。すでに RStudio に精通している場合には、この章は読み飛ばしても構わない。

2.1 RStudio とは

RStudio は RStudio, Inc.[2] が開発している R のための IDE である。商用のデータ解析ソフトとして有名な SPSS、SAS などでは、GUI だけですべてのデータ解析処理を行うことも可能である。一方、R で解析作業を行う際にはコマンド入力やスクリプトの記述などが必要であり、GUI のみですべての作業を行うことは難しい。このような R での作業を支援する目的で、R 本体 (生 R) にも R GUI という GUI が付属しており、マウス操作によりグラフの表示やスクリプトの実行などを行うことができる。RStudio は R GUI に比べてはるかに高機能な GUI を提供しており、コードの編集や実行、解析結果の表示、プロジェクト管理など、R を効率的に使うためのさまざまな機能を備えている。また、再現可能なデータ解析とレポート作成 (特に後者) を実践するための機能が豊富に搭載されている。

(かなり確信度の高い) 推測ではあるが、現在では RStudio が R 用の IDE として最もポピュラーなものであり、ウェブ上にもたくさんの解説記事が公開されている。例えば 2016 年 12 月には RStudio Advent Calender[3] と称して、実に 25 本もの RStudio に関するウェブ記事が、暇を持て余したエキスパートたちによってクリスマスを前に公開された[4]。本書の内容にはこれらの記事を参

---

[1] Integrated Development Environment の略。日本語では統合開発環境と呼ばれる。開発に関するツールや機能一式を集めたアプリケーションで、Eclipse や Visual Studio が有名。
[2] https://www.rstudio.com/
[3] http://qiita.com/advent-calendar/2016/rstudio-ide
[4] 2017 年版 RStudio Advent Calender: https://qiita.com/advent-calendar/2017/rstudio

考にした部分もある。ユーザが多いということは、RStudioを使っていて困ったときにはこうした解説記事などを通して誰かが助けてくれるということである。これから初めてRStudioに触れるという人には心強い味方がたくさんいることを覚えておいてほしい[5]。

RStudioには、デスクトップ版のRStudio Desktopとサーバー版のRStudio Serverがある。本書で扱うRStudio Desktopはコンピュータにインストールして動く普通のアプリケーションであり、Windows、Mac OS X、Linuxといった環境で動くマルチプラットフォームソフトウェアとして設計されている。多少の動作やユーザインタフェースの違いはあるものの、異なるプラットフォームでほぼ同じように利用することができる。個人でのデータ解析作業であれば、RStudio Desktopの利用を勧める。

RStudio ServerはLinux環境のWebサーバ上で動作するR用IDE環境である。ユーザ目線でわかりやすく言い換えれば、自分のマシンにRStudioをインストールする必要がなく、ウェブブラウザでアクセスしてブラウザ上で解析作業を行うことができる、というものである。利点として、複数の人が関わるチームで解析作業を行う際に、誰にとっても同じ作業環境を構築できるという点がある。また、ひとりで作業する場合でも、異なるマシンで解析作業を行う必要がある場合には、解析に関するデータ、パッケージ環境などをすべてのマシンで同じように揃えることは難しいかもしれない。このような場合には、再現可能性の観点からもRStudio Serverを導入してみるのもよいだろう。

RStudio DesktopとRStudio Serverのいずれも、タダで利用できる無償版 (Open Source License) と、少しばかりお金がかかる[6] 商用版 (Commercial License) がある。ダウンロードサイト[7]に簡単な比較表があるが、商用版では困ったときにRStudioチームからのサポートサービスが受けられるほか、RStudio Server Proでは大規模商用プロジェクトで解析業務を行うためのセキュリティ、負荷の調整、管理機能などが追加されている。また、無償版がAGPLv3ライセンスを採用しているのに対して、有償版はRStudio License Agreement[8]という独自のライセンス形態を採用している。商用利用する上でAGPLv3ライセンスでは問題がある場合には、有償版を使うことを検討しよう。

2.2　RStudioのダウンロードとインストール

RStudioを使うためには、生RとRStudioの両方をインストールする必要が

---

[5]「はじめに」で紹介したように、slackのコミュニティであるr-wakalangなど。
[6] 2017年4月現在、RStudio Desktopの商用版が995ドル/年, RStudio Serverの商用版が9,995ドル/年。アカデミック利用や小規模ビジネス用の割引もある。
[7] https://www.rstudio.com/products/rstudio/download/
[8] https://www.rstudio.com/about/eula/

2.2 RStudio のダウンロードとインストール

ある。本書では生 R についての解説は省略する。生 R をインストールしていない場合は、まずは CRAN[9] から入手してインストールしよう。

RStudio は公式サイト[10] からダウンロードできる。このサイトは英語で書かれている上に、ダウンロード先にたどり着くのが少々ややこしいので、図 2.1 から図 2.3 を参考にインストールしよう。公式サイトのトップページ (図 2.1) の **RStudio** の下にある **Download** アイコンをクリックすると、製品一覧表が出てくる (図 2.2)。**RStudio Desktop Open Source License** の下の **DOWNLOAD** ボタンをクリックして、**Installers for Supported Platforms** (図 2.3) の中から、自分の環境にあったインストーラをダウンロードすればよい。

図 2.1　RStudio のトップページ

図 2.2　RStudio 製品の比較とダウンロード

---

[9] https://cran.r-project.org/
[10] https://www.rstudio.com/

図 2.3 RStudio のダウンロードリンク

Mac OS X 版も Windows 版もダウンロードしたインストーラを実行すればインストールできる。

2.3　はじめての RStudio

インストールできたら、早速 RStudio を起動しよう。残念ながら、2017 年 4 月現在、GUI メニュー等はすべて英語である。しかし、簡単な英語なので、気にせずに進めよう。

図 2.4 は、はじめて RStudio を起動した状態である。RStudio のウィンドウは複数のパネル[11]で構成される。各パネルには複数のタブが存在する。なお、はじめて起動した場合にはコンソールタブが左半分を占めているが、スクリプトや R マークダウンなどの文書を開いて作業している間は左上にエディタタブなどのパネル、左下にコンソールタブなどのパネル、右上に環境タブなどのパネル、右下にファイルタブやプロットタブなどのパネルという構成になっている (図 2.5)。

パネルとタブのレイアウトはツールバーのパネルアイコン ([田] の字のようなアイコン) から操作できる。例えば **[Zoom Console]** を選択すればコンソールタブがウィンドウ全体に表示される。**[Show All Panes]** を選択すれば、再びすべてのパネルが表示される。また、**[Pane Layout]** を選択すれば、パネルの位置や各パネルに含めるタブなど、細かくカスタマイズできる。

---

[11] 英語では pane であり、正しくは「ペイン」と訳すべきであるが、日本語としてのわかりやすさから本書では「パネル」として統一した。他の解説書やウェブサイトなどでは「ペイン」と訳されているかもしれない。

図 2.4　RStudio をはじめて起動したところ

2.4　まずは RStudio を動かしてみよう

　RStudio を起動すると、左側のコンソールタブでカーソルが点滅しているに違いない。カーソルが点滅していなかったら、コンソールタブの上をマウスでクリックしてみよう。では、まずは RStudio を触ってみることにする。以下のように入力してみよう (入力後は当然、エンターキーを押す)。

```
1  summary(iris)
```

　iris データの要約がコンソールに表示されただろう。この通り、生 R と全く変わらない動きをする。
　次に、

```
1  plot(iris[-1])
```

と入力してみよう。生 R とは違い、グラフのウィンドウは出てこない。代わりに右下のパネルにグラフが表示されたはずだ。RStudio ではグラフ用の新しいウィンドウが開くのではなく、プロットタブ上にグラフが表示される。

```
1  ?iris
```

と入力してみよう。グラフの場合と同じように、ヘルプ用のウィンドウが開く代わりに、右下のタブにヘルプが表示されるだろう。

最後に、

```
1  View(iris)
```

と入力してみよう。左上のパネルにスプレッドシート (Excel のワークシートのようなもの) が現れるはずである。これはデータの内容を視認するためのデータビューアである。生 R でも似たようなデータビューアを使えるが、非常に貧弱である。RStudio にはデータの検索や並べ替えも可能な高機能なデータビューアがついている。

このように、RStudio は一つのウィンドウですべての作業を完結できるように設計されている (ただしエディタ、データビューア、ヘルプなどは別ウィンドウで開くこともできる)。また、生 R にはないさまざまな便利機能が搭載されている。

2.5　RStudio での作業パターン

RStudio で作業する際の典型的なパターンはおよそ次のとおりである。

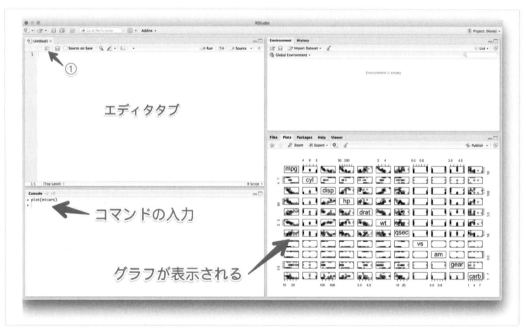

図 2.5　グラフの表示とエディタタブ

コンソールにより対話的にデータ解析を行う場合には、図 2.5 の左下のパネルにあるコンソールタブがメインの作業場所となる。コンソールタブにコマンドを記述し、実行する。実行結果はコンソール、グラフは右下のパネルのプロットタブに、R マークダウンから作成する HTML レポートなどのウェブコ

ンテンツは別ウィンドウのビューアまたは右下のビューアタブに出力されるので、必要に応じて参照しよう (図 2.4 右下)。しかし、コンソール上の作業だけでデータ解析を進めることは、再現可能性という観点からはお勧めはしない。コンソール上の作業は、R スクリプトや R マークダウンファイルを編集していく際に、その場その場でコードを評価して結果を確認する、という使い方をするのがよいだろう。

　再現可能なデータ解析とレポート作成を実践するなら、メインの作業場所は図 2.5 の左上のエディタタブとなる。エディタタブで R スクリプトや R マークダウンファイルを開き、上述のようにコンソールタブで対話的に実行して試しながら、完成したコマンド群をファイルに記述していく、というパターンが典型的な作業になるだろう。そして、ある程度作業が進んだら、R スクリプトを実行したり、R マークダウンからレポートを生成したりして、結果を確かめる。

　コンソール、あるいはエディタのどちらで作業を進めるにしても、作業の補助として右上の環境タブでオブジェクトの構造を確認したり、左上のデータビューアタブ[12]でオブジェクトの中身を目視したり、右下のパッケージタブでパッケージを管理したり、といったことが可能である。

2.6　タブの紹介

　RStudio の各パネルにはたくさんのタブがある。処理の内容に応じて、新しい種類のタブが出現することもある。ここでは、各タブの機能を簡単に紹介する (ここに紹介されていないタブが現れることもあるかもしれない)。

2.6.1　ファイルタブ (Files)

　右下のパネルの中のファイルタブ (図 2.6) では、ファイル一覧のリストが表示されるのに加えて、Finder やエクスプローラーと同じように、コピーや削除など、基本的なファイル操作ができる。

　なお、表示されているフォルダはコンソールタブでの R の作業フォルダ (作業フォルダはコンソールタブの上部に表示されている) と同期しているわけではない。R の作業フォルダの内容をファイルタブで表示するには① [More]-[Go To Working Directory] とする。逆にファイルタブで表示されているフォルダを R の作業フォルダとして設定するには① [More]-[Set As Working Directory] とする。① [More]-[Show Folder] とすると Finder やエクスプローラーでファイルタブに表示されているフォルダを開くことができる。

---

[12] View(hoge) などとすることで表形式のデータを視覚的に確認できるタブ。右下のビューアタブと混同しないように注意しよう。

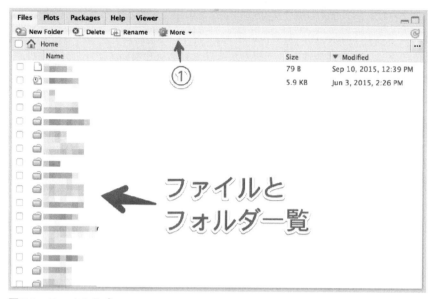

図 2.6 ファイルタブ

その他、フォルダの新規作成 ([**New Folder**])、削除 ([**Delete**])、名前の変更 ([**Rename**])、コピーや移動もできるが、使い勝手はあまりよくないかもしれない。

2.6.2 プロットタブ (Plots)

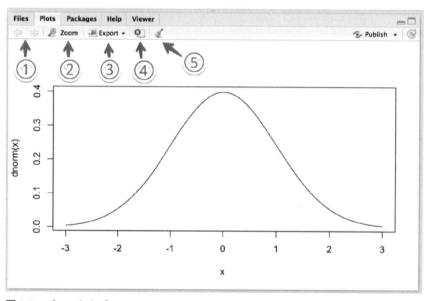

図 2.7 プロットタブ

同じく右下のパネルの中にあるプロットタブ (図 2.7) では、plot() などのグラフを描画するコマンドを実行した際にそのグラフが表示される。グラフの表示履歴が自動的に保存されているので、何回もグラフ描画コマンドを実行した

場合には、①の矢印アイコンで以前に表示したグラフに戻ることができる。

②[Zoom] をクリックすると別ウィンドウでグラフが表示されるので、そのウィンドウを大きくすればグラフの細かい部分まで見ることができる。

③[Export] をクリックするとグラフをファイルに保存することができる。ただし再現可能性のためには手作業でファイルに保存するという操作はやめた方がいいだろう。代わりに、グラフをファイルに保存するコマンドを実行するべきである (その方法は 3.5.1 項で紹介する)。

④の [×] アイコンは現在表示しているグラフを、⑤のホウキ (掃除に使う箒) アイコンは履歴に残っているグラフすべてを削除する。

2.6.3 ヘルプタブ (Help)

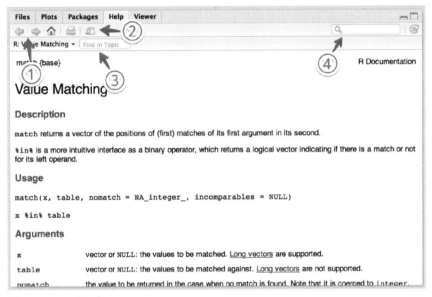

図 2.8　ヘルプタブ

コンソールで ?mean などとしてヘルプを呼び出したときには、右下のヘルプタブ (図 2.8) にオンラインヘルプが表示される。生 R のヘルプウィンドウとほぼ同等の機能である。

①の矢印でヘルプ表示履歴を戻ったり進んだりできる。②のアイコンをクリックすると別ウィンドウでヘルプが表示される。③の検索窓では、現在表示しているヘルプ内をテキスト検索することができる。④の検索窓では、オンラインヘルプ全体の中からヘルプに表示する項目を検索することができる。

なお、ツールバーにある家型のアイコンをクリックすると、RStudio が提供する各種ヘルプ一覧のページが表示される (英語)。

図 2.9 ビューアタブ

2.6.4 ビューアタブ (Viewer)

ビューアタブ (図 2.9) はウェブコンテンツを表示するための簡易ウェブブラウザである。再現可能なレポート作成を実践する場合、比較的よく使うタブとなる。

R マークダウンで生成した HTML レポートや **htmlwidgets** に代表される Javascript を使ったインタラクティブな可視化など、最近は R でウェブコンテンツを作成するのが流行りなので、これらをビューアタブで表示することができるようになっている。ツールバーのアイコンをクリックすればウェブブラウザで開くことができる。

なお、デフォルトでは HTML レポートはビューアタブではなく別ウィンドウに表示される。グローバルオプション (7.1 節) の **[R Markdown]** カテゴリの **[Show output preview in:]** で別ウィンドウを使うかビューアタブを使うか設定できる。

RStudio バージョン 1.1 ではビューアタブの内容を HTML ファイルや画像ファイルにエクスポートする機能が追加されている。この機能はツールバーの **[Export]** アイコンから利用できる。

2.6.5 パッケージタブ (Packages)

右下のパッケージタブには、インストールされているパッケージ一覧が表示される。アップデート、削除などの操作もできる。また、パッケージ環境の再現のために、6.2 節で紹介する **packrat** パッケージの状態を確認したり同期させたりすることもできる。

2.6.6　環境タブ (Environment)

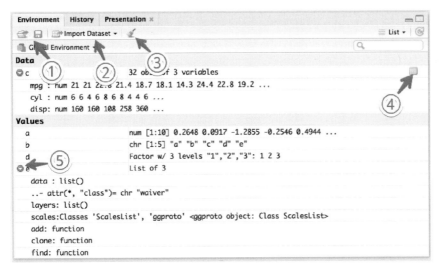

図 2.10　環境タブ

　右上のパネルの環境タブ (図 2.10) にはワークスペースにある R オブジェクトの一覧が表示される[13]。

　①の開くアイコン、保存アイコンでワークスペースの読み込みと保存ができる。ワークスペースとは R の作業環境にあるオブジェクトの集合のようなものである。R を終了する前にワークスペースを保存しておけば、R を再度実行する際にワークスペースを読み込むことで、終了時とほぼ同じ状況で解析を再開することができる。ワークスペースは便利な機能ではあるが、再現可能性の観点からは積極的な利用はオススメはできない。その理由は、保存するオブジェクトが明示的に指定されていないため、本当に必要なものが保存できているかどうかわからない (例えば作業中にオブジェクトを削除した後にワークスペースを保存したら、そのオブジェクトは保存されていない)、別の作業をした場合にワークスペースの内容が全く違うものになっている可能性がある、などである。保存が必要なオブジェクトは、データ保存のスクリプトを記述して保存するように心がけよう (保存方法は 3.5.5 項)。

　②[Import Dataset] ではさまざまな形式 (現在は CSV, Excel, SPSS, SAS, Stata) のデータファイルを読み込むことができる。読み込み時のオプション指定も可能であり、さらに、コードプレビューで読み込みを実行するためのコマンドが表示される。コードプレビューで表示されたコマンドをスクリプトに貼り付けることができるので、初心者の間はこの機能は役に立つかもしれない。しかし、再現可能性の観点からはマウスをクリックしてデータを読み込むことは避けた方がよい。コードプレビューを確認したり、一度だけ試しにデータを眺め

---

[13] 利用可能なオブジェクト一覧だと思っておいて構わない。

ようという目的以外ではこの機能は使わないようにしよう。

③のホウキアイコンでは、ワークスペース中のRオブジェクトを削除できる。

行列やデータフレームなどの表形式のオブジェクトの場合、④のようにグリッドのアイコンが表示される。これをクリックすると、左上のパネルにデータビューアタブが現れて、オブジェクトの構造や値を目で確認することができる。また、リストオブジェクトの場合は、⑤の三角アイコンをクリックすることで中身を目で確認できる[14]。

データの構造を確認する程度ならいいが、データの中身、特に生データの値を目で見て解析に使うのはやめよう。データ解析の中で目で欠損値を探したり、ある条件を満たすデータを目で探す (通称、目 grep) ようなことは、再現可能性を低下させることになるので、絶対に避けるべきである。

2.6.7 履歴タブ (History)

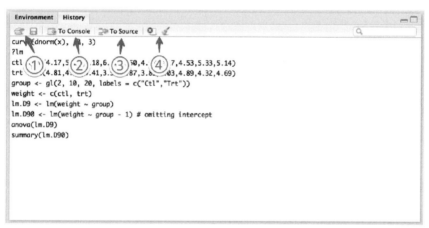

図 2.11 履歴タブ

右上のパネルの履歴タブ (図 2.11) にはコマンド履歴が表示される。

①の開くアイコン、保存アイコンでコマンド履歴の読み込みと保存ができるが、再現可能性の観点からは使わない方がよいだろう。

②[To Console] では、履歴リストの中の選択したコマンドをコンソールタブに送ることができる。アドホックな解析では役に立つ。

③[To Source] では、履歴リストの中の選択したコマンドをエディタタブに送ることができる。これは再現可能なデータ解析とレポート作成の実践の中でも役立つ。Rスクリプト作成中にいろいろな解析方法をアドホックに試行錯誤すると履歴タブにコマンド履歴が残るので、この中からスクリプトに残したいコマンドだけ選んでエディタタブに送る、というような使い方ができる。

④は履歴を削除できる。

右上の検索窓では、過去に実行したコマンドすべてを対象に検索することが

---

[14] RStudio バージョン 1.1 からはリストの内容もデータビューアで確認できるようになった。

できる。生 R のコマンド履歴は作業フォルダの.Rhistory というファイルに保存される。RStudio でも同じように.Rhistory に履歴が保存されるが、RStudio はさらに独自の履歴保存システムを持っていて、コマンドを実行した日付と一緒にコマンドの内容が保存されている。複数の検索語をスペース区切りで入力することで検索結果を絞り込むこともできる。さらに、検索結果の右端の **[>]** をクリックすると、そのコマンドを実行した際に前後に実行したコマンドも一緒に表示されるので、記憶が曖昧でも、どういう解析をしたか、少ないキーワードを手がかりに思い出すことができる。

ただし再現可能性の観点からは、コマンド履歴に頼るのはバッドノウハウである。

2.6.8　ビルドタブ (Build)

パッケージ開発に役立つツールが集約されている。また、R マークダウンにより章立てされた大規模なレポートを作成するための **bookdown** パッケージ (5.2 項) でブックをビルドするときにも使うことができる。

2.6.9　VCS タブ

Git というタブは、バージョン管理システム (VCS) を操作するための GUI である。VCS については 6.1 節で解説する。

2.6.10　コンソールタブ (Console)

左下のコンソールタブでは生 R と同じようにコマンドの入力や結果の表示ができる。RStudio は生 R を便利に使うためのアプリケーションなので、R 自体の動作には生 R との違いはない。例えば、普通に使う限りでは、生 R と RStudio で計算結果が異なるといったことはないはずである。

コンソールタブの上部には作業フォルダが表示されている。作業フォルダの右の矢印をクリックすると、ファイルタブに作業フォルダ内のファイル一覧を表示することができる。

2.6.11　R マークダウンタブ

R マークダウンによりレポート生成を実行すると、左下のパネルに **R Markdown** というタブが現れる[15]。ここには、レポート生成処理のログが出力されるので、レポート生成がうまくいかないときには、エラーメッセージを確認することができる。再現可能なレポート作成を実践している際には役に立つ。

---

[15] 設定によっては別のパネルに表示されるかもしれない。

2.6.12 エディタタブ

生 R と同じように RStudio にもファイルの編集を行うエディタが付属していて、ファイルを新規に作成したり、既存のファイルを開いたりするとエディタタブが現れる。デフォルトでは、エディタは左上のパネルに表示されるが (図 2.5)、独立したエディタウィンドウとして開くこともできる。

再現可能な解析フローで主役となるのはエディタタブである (アドホックな解析フローではコンソールタブが主役となる)。エディタタブでは、R スクリプト、R マークダウン、R ノートブックなど、さまざまな種類のテキスト形式のファイルを編集することができる。

生 R のエディタと比べると、RStudio のエディタタブには編集を補助するさまざまなツールが用意されている。さらに、編集するファイルの種類に応じて適切な編集補助ツールが出現する優れものである。本書では R スクリプト (3.2.2 項) と R マークダウンファイル (4.7 節) のための編集補助ツールについて紹介しているので、それぞれ参考にしてほしい。

2.6.13 データビューアタブ

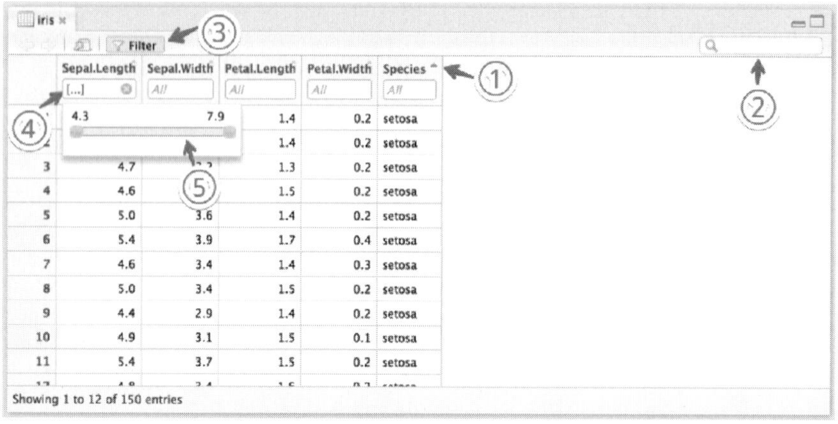

図 2.12 データビューアタブ

データの中身を目視によって確認したい場合、RStudio ではデータビューアタブ (図 2.12) にスプレッドシート (Excel のような表) を表示することができる。データビューアでデータを視認するには、環境タブ内のオブジェクトの右に表示されるグリッドのアイコンをクリックする。または、コンソールで

```
1  View(iris) # irisデータを表示する
```

としてもよい。`data.frame` 形式以外のオブジェクトを `View()` すると、`data.frame` 形式に変換されてデータビューアに表示される。

データビューアにはデータの内容を探索的に確認するための機能が内蔵され

ている。①の▲▼アイコンをクリックするとデータをソートできる。②の検索窓で、指定した単語や数値を含む行のみが抽出される。なお、数値に対しても文字列として照合が行われる。93 を検索した場合に 2.93 というデータもヒットするので注意が必要である。③ **[Filter]** をクリックすると、それぞれの列 (変数) に対して絞り込みを実行して特定の行を抽出することができる。④の変数名の下にあるフィルタ入力欄をクリックすると、数値型なら範囲を絞り込むことができる (⑤)。文字列型なら文字列検索、因子型なら因子の選択が可能である。

　データビューアによるデータ探索は、便利な場合もあるかもしれないが、あくまで構造を把握する程度にとどめた方がいいだろう。目によるデータの探索は、目作業汚染の一因である。コマンドによる確認を怠らないようにしよう。あえて例を挙げれば、iris データを探索して Sepal.Length 変数の最大値を目で確認したとしよう (もちろん推奨はしない)。その後には、必ず range(iris$Sepal.Length) などとして、機械に同じ作業をさせて再確認する必要がある。

　なお、RStudio バージョン 1.1 ではリストに対してもデータビューアを使うことが可能になっている。

2.6.14　関数ビューアタブ

　コンソールで View(関数名) とすると、左上のパネル内に関数の内容を表示するタブが現れる。コンソールで単純に関数名を入力すれば、コンソールに関数の内容が表示されるが、関数ビューアの方が内容を確認しやすい。オススメである。

2.6.15　RStudio バージョン 1.1 での変更点

　RStudio バージョン 1.1 より、R 用のコンソールに加えて、ターミナルタブが追加されている。これにより、RStudio からシェル操作などが可能になった。デフォルトでは左下のコンソールタブと同じパネルに配置される。

　また、Connection タブというデータベース接続を操作するための GUI が追加された。

　これ以外にもバージョンアップにより機能が追加される可能性もある。大きな変更点についてはサポートサイトでお知らせする。

2.7 ツールバー

4つのパネルとその中のタブとは独立に、ウィンドウ上部にはツールバーがある (図2.13)。各ツールの内容は次のとおりである。

① ファイルの新規作成。RスクリプトやRマークダウンなどのさまざまな形式のファイルが作成できる。作成したファイルは自動的にエディタタブで開かれる。
② ファイルを開く。右の▼アイコンをクリックすると開くファイルを履歴から選べる。
③ 保存。エディタタブで一番上に開いているファイルの保存 (左のアイコン) と、エディタタブで開いているすべてのファイルの保存 (右のアイコン) が可能である。
④ 印刷。地球環境のためにも、使わない方がよい。
⑤ 検索窓に単語を入力することで、エディタパネルの中からアクティブにするタブを選ぶことができる。大量のファイルを開いている場合に、目的のファイルを見つけるために便利である。
⑥ パネルの構成をカスタマイズできる。作業環境のカスタマイズは再現可能性を低下させる一因となる場合もあるので、特別な理由がない限りデフォルトのまま使うのがよいだろう。
⑦ アドイン機能を使うことができる。

ツールバーの右端にはプロジェクト機能を使うためのツールがある。プロジェクト機能については3.3節で解説する。なお、RStudioバージョン1.1ではプロジェクト (3.3節) を新規作成するためのアイコンが①のアイコンの横に追加されている。

また、状況に応じてこれ以外のツールが出現する場合もある。例えばGitなどのVCSをサポートしたプロジェクトで作業しているときには、VCS操作用のツールが現れる。

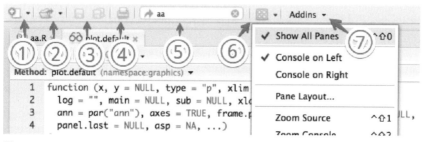

図2.13　ツールバー

2.8 メニューバー

多くのソフトウェアと同じように、RStudio にもメニューバーが付いている。機能が多すぎて、すべてを紹介することは難しい。また一部のメニューバーは、作業状況によって内容が変わる。例えば **[Code]** の内容は、エディタタブで開いているファイル形式を操作するために必要なメニューが表示される。ここでは、簡単に各メニュー項目の内容を紹介しておこう。

File　ファイル、データ、プロジェクトを作成する、開く、保存する、閉じる、またレポート生成やファイルの印刷など。

Edit　コピーペースト、Undo/Redo、検索と置換など。

Code　R スクリプトや R マークダウンなど、エディタで開いているファイルの編集補助機能やコードの実行。

View　表示するパネル、タブの制御。

Plots　プロットタブの操作。

Session　RStudio 内で起動している R セッションの制御。RStudio を起動したまま、R セッションの再起動などを行うことができる。ワークスペースの読み込みや保存もできる。

Build　パッケージのビルド関連。

Debug　デバッグ関連で、ブレークポイントの設定などもできる。デバッグについては 7.5 節を参照のこと。

Profile　コード実行のプロファイリング関連 (7.4.1 項)。プロファイリングについては 7.4.1 項を参照のこと。

Tools　パッケージ管理、バージョン管理システムの操作、オプション、その他諸々。

Window　ウィンドウの制御。

Help　ヘルプ関連。

メニューはまだすべて英語である。日本語化が待たれる。

2.9 Windows での日本語の利用

Windows で R スクリプトや R マークダウンの内容に日本語を使う場合、文字コードの問題に気をつける必要がある。デフォルトでは、R スクリプトや R

マークダウンは CP932[16] という文字コードで保存されるように設定されている。当然、R スクリプトや R マークダウンを読み込むときも、そのファイルの文字コードは CP932 である必要がある。例えば文字コードが UTF-8 のファイルを読み込もうとすると文字化けする。

　文字コードはグローバルオプション (7.1 節) の **[Code]-[Saving]-[Default text encoding]** で設定できる。文字コード設定を UTF-8 にすると、R スクリプトや R マークダウンは UTF-8 という文字コードで保存される。

　また、メニューバーの **[File]-[Reopen with Encoding]** で正しい文字コードを選べば、文字化けは解消される。例えば、グローバルオプションの文字コード設定が CP932 で、UTF-8 のファイルを読み込んだら、最初は文字化けして表示される。このとき、**[Reopen with Encoding]** で UTF-8 とすれば、文字化けは解消される。なお、**[Reopen with Encoding]** で文字化けを解消したファイルを保存した場合は、保存されるファイルの文字コードはグローバルオプションではなく、**[Reopen with Encoding]** で選んだものとなる。

　グローバルオプションの設定に関わらず、メニューバーの **[File]-[Save with Encoding]** によって、ファイル保存時に明示的に文字コードを指定することもできる。

　RStudio のプロジェクト機能 (3.3 節) を利用している場合、プロジェクトオプション (3.3.5 項) の中で文字コードを指定できる。プロジェクトオプションでの文字コード指定はグローバルオプションよりも優先されるので、プロジェクトごとに異なる文字コードを使うことができる。

　本書では、特に断りがない限り、グローバルオプションやプロジェクトオプションで UTF-8 を指定していることを前提として解説する。また、R により読み込むテキストファイルの文字コードも UTF-8 を前提とする。

---

[16] Shift JIS の Windows 拡張。

Chapter 3
RStudio による再現可能なデータ解析

3.1　R スクリプトによる解析

　再現可能性の意義は理解した。RStudio も導入した。さて、いよいよ RStudio で再現可能なデータ解析を始めるときである。

　第 1 章で説明したように、再現可能性を保つためには、データ解析フローを最大限自動化して、コピペ、目作業、手作業を排除する必要がある。

　データ解析とは、入力となるデータソースを人が理解しやすい形 (結果の要約、グラフ、そしてそれらが埋め込まれたレポート) に変換する作業にほかならない。再現可能性という観点からは、「このデータ解析を実行せよ」という指令のみを人間の手で行えば、あとは機械が自動的に処理するという状態が理想的である[1]。逆にデータ解析フローの過程で一度でもコピペ、目作業、手作業が必要なら、そのフローの再現可能性は破綻している。たとえ、そのときにやったことすべてを逐一細かく記録していたとしても、記録された内容を完全に再現することは人間には不可能である。

　データ解析フローを作り上げていく作業では、当然のことながら、コピペ、目作業、手作業は不可欠である。しかし、一度作り上げたデータ解析フローを実行する際には、コピペ、目作業、手作業を排除して、すべてを自動化することを目指そう。

　というわけで、本章の目的は、データソースの入力からデータ解析結果の出力までノンストップで行う方法を学ぶことである。そのためには、

- 自動処理を可能とする環境づくり
- データの読み込みの自動化
- 結果の出力と保存の自動化

が必須である。

　これを実現するための大前提として、データ解析をコンソールで対話的に行

---

[1] その指令さえも機械に任せることが可能である。例えば cron により指定時刻にデータ解析処理をトリガーするような場合である。

うのではなく、Rスクリプトにデータ解析フローを記述して実行するというスタイルを身につける必要がある。本章ではまずは、RStudio を使って R スクリプトを導入するところから始めよう。

3.1.1 Rスクリプトを使ったデータ解析の手順

2.5 節に、エディタとコンソールを使った大雑把な作業パターンを紹介したが、ここでは R スクリプトを使った典型的な解析作業のパターンを紹介しよう。

どういうデータを使うか、どのような方向性のデータ解析を行うか、全くわからずにデータ解析を行おうとすることはないだろう。スクリプトを作成するときには、どういうデータをどのように解析してどのような結果を出力するかという大まかなデータ解析フローを頭の中で (あるいは仕様書の中で) 描いているはずである。もちろん、データ解析フローを作成している間に新しい解析手法を導入しようと思いつくとか、作成している間にボスからデータ仕様の変更を伝えられるとか、そういったことはあり得る。そのときはそのときで対応すればよい。

典型的な解析作業の進め方は以下のとおりである。

1. 必要な処理を実行するコマンドをコンソールに入力して実行する (手作業)。
2. 結果を確認する (目作業)。
3. ほしい結果が得られるまで、コマンドを修正して実行する (コンソールで上矢印キーを押すと以前に入力したコマンド履歴をさかのぼることができるので、活用しよう)。
4. **問題なければ、そのコマンドを R スクリプトに記録する (コピペなど)**。スクリプトの保存[2]も忘れないようにしよう。

これまで再現可能なデータ解析ではなくアドホックなデータ解析を行っていた場合には、最後の **R スクリプトに記録**というステップが抜けていたに違いない。確かに、記録しなくても、そのときはデータ解析を進めることができる。しかしそのときに行ったデータ解析を後から再現することは不可能である。

コンソールで試してから R スクリプトに記録する代わりに、最初から R スクリプトに記述して、その部分を実行してもよい。この場合は、

1. 必要な処理を実行するコマンドを R スクリプトに記述する (手作業)。
2. 必要な箇所のコードを実行する (次節以降で紹介する実行補助機能を活用しよう)。
3. 結果を確認する (目作業)。

---

[2] エディタタブのスクリプトを保存するにはメニューの **[File]-[Save]** やツールバーの保存アイコン。キーボードショートカットは **Ctrl+S / Command + S**。

4. ほしい結果が得られるまで、コマンドの修正、実行、確認を繰り返す。
5. 問題なければ、次のコマンドの記述に進む。スクリプトの保存[3]も忘れないようにしよう。

というようなパターンになる。

いずれのパターンでも、Rスクリプトにある程度の加筆・修正を加えたら、クリーンな状態 (3.1.3 項) で最初から実行してみて、望んでいる結果が得られることを確認しよう。こまめなテストは結局は作業効率を大幅に向上させる。すべて完成してからテストしようと考えてはいけない。

3.1.2 データ解析の結果をこまめに確認する

Rスクリプトを作成していく過程では、少しずつデータ解析コマンドを実行しては結果を確認することを繰り返すことになるだろう。こうしたテストを行う方法はさまざまである[4]。Rスクリプトの作成について説明する前に、できるだけ効率的に、かつ間違いが起こらないように (目で確認するという作業が少なくなるように) データ解析の結果を確認する方法を紹介しておこう。

解析結果を出力する関数などは、まずは結果が正しく出力されていることを目で見るのがよいだろう。ここでの「正しく」とは、解析結果が予想に合っているかどうかというような分析の上での正しさではなく、解析手順に問題はないか (エラーなどが起こっていないか、あり得ない値ではないか、結果が欠損値 NA になっていないかなど)、ということを意図している。グラフを出力する関数の場合にも、プロットタブに正しくグラフが表示されているか確認すればよいだろう。また、データフレームをファイルへ書き出す、グラフを画像として保存するなど、結果を保存する処理を行う場合は、出力されたファイルの中身を必ず確認しよう。

オブジェクトを作成する場合には、作成したオブジェクト名をコンソールに入力すれば、そのオブジェクトの中身が表示されるので、結果を確認することができる。例えば次のような感じである。解析の内容が妥当かどうかはさておき、解析が問題なくできていることはわかる[5]。

```
1  fit = lm(mpg ~ cyl + am, mtcars)
2  fit
```

```
##
## Call:
## lm(formula = mpg ~ cyl + am, data = mtcars)
```

---

[3] エディタタブのスクリプトを保存するにはメニューの **[File]-[Save]** やツールバーの保存アイコン。キーボードショートカットは **Ctrl+S / Command + S**。
[4] 大規模なデータ解析プロジェクトならユニットテストのような方法を導入することも検討しよう。
[5] 本書のコード例では、筆者の習慣に従い、代入記号として<-ではなく=を使っている。タイピング数が少なくてすむのが主な理由である。

```
## 
## Coefficients:
## (Intercept)          cyl           am
##      34.522       -2.501        2.567
```

RStudio の環境タブにはコードを実行して作成されたオブジェクトが表示されるので、結果の確認には環境タブを利用することもできる。このほか、結果の確認に役立つ関数の一覧を紹介しておこう。

データの構造を確認するものとして以下のような関数が使える。

`str()`: データのクラス、構造と要素の一部などを出力する。怪しいと思ったら `str()` で確認してみるのがよいだろう。

```r
str(iris)
```

```
## 'data.frame':   150 obs. of  5 variables:
##  $ Sepal.Length: num  5.1 4.9 4.7 4.6 5 5.4 4.6 5 4.4 4.9 ...
##  $ Sepal.Width : num  3.5 3 3.2 3.1 3.6 3.9 3.4 3.4 2.9 3.1 ...
##  $ Petal.Length: num  1.4 1.4 1.3 1.5 1.4 1.7 1.4 1.5 1.4 1.5 ...
##  $ Petal.Width : num  0.2 0.2 0.2 0.2 0.2 0.4 0.3 0.2 0.2 0.1 ...
##  $ Species     : Factor w/ 3 levels "setosa","versicolor",..: 1 1 1 1 1 1 1 1 1 1 ...
```

`head()`: データ先頭の数個の要素を出力する。データフレームの構造が思ったとおりになっているか、リストの要素に思ったデータは入っているか、などを確認できる。

```r
head(mtcars[1:4])
```

```
##                    mpg cyl disp  hp
## Mazda RX4         21.0   6  160 110
## Mazda RX4 Wag     21.0   6  160 110
## Datsun 710        22.8   4  108  93
## Hornet 4 Drive    21.4   6  258 110
## Hornet Sportabout 18.7   8  360 175
## Valiant           18.1   6  225 105
```

`names()`: データフレームの列名 (変数名) やリストの要素名などを確認できる。

```r
names(fit)
```

```
## [1] "coefficients"  "residuals"     "effects"       "rank"
## [5] "fitted.values" "assign"        "qr"            "df.residual"
## [9] "xlevels"       "call"          "terms"         "model"
```

`length()`: 1 次元データ (リストやベクトル) の長さを確認できる。

3.1 Rスクリプトによる解析

```
1  length(fit)
```

```
## [1] 12
```

dim(): 行列形式のデータの大きさ (縦横のサイズ) を確認できる。3次元以上の配列にも対応している。

```
1  dim(mtcars)
```

```
## [1] 32 11
```

class(): オブジェクトの型を知ることができる。

```
1  class(fit)
```

```
## [1] "lm"
```

最近はオブジェクトに対して独自の型を付与するパッケージもある[6]。動作がおかしいと思ったらオブジェクトの型を確認してみるのもよいだろう。

データの中身を確認するものとして、以下のような関数が使える。

summary(): データの概要 (数値なら平均や範囲、因子ならカテゴリ) を確認できる。

```
1  summary(mtcars[1:4])
```

```
##       mpg             cyl             disp             hp
##  Min.   :10.40   Min.   :4.000   Min.   : 71.1   Min.   : 52.0
##  1st Qu.:15.43   1st Qu.:4.000   1st Qu.:120.8   1st Qu.: 96.5
##  Median :19.20   Median :6.000   Median :196.3   Median :123.0
##  Mean   :20.09   Mean   :6.188   Mean   :230.7   Mean   :146.7
##  3rd Qu.:22.80   3rd Qu.:8.000   3rd Qu.:326.0   3rd Qu.:180.0
##  Max.   :33.90   Max.   :8.000   Max.   :472.0   Max.   :335.0
```

range(): データの範囲を確認できる。

```
1  range(mtcars$mpg)
```

```
## [1] 10.4 33.9
```

table(): データの各要素の個数を確認できる。複数のデータの組合せがそれぞれいくつあるかも確認できる。

---

[6] 特に **tibble**。

```r
table(mtcars$am)
```

```
## 
## 0 1 
## 19 13
```

```r
table(mtcars$am, mtcars$vs)
```

```
##    
##     0  1
##   0 12  7
##   1  6  7
```

levels(): 因子型の水準を確認できる。

```r
levels(iris$Species)
```

```
## [1] "setosa"     "versicolor" "virginica"
```

is.na(): 欠損値の有無を確認できる。データフレームから欠損値のある行を削除するには na.omit() を使えばよい。

```r
iris[3,3] = NA # 欠損値とする。
head(is.na(iris))
```

```
##      Sepal.Length Sepal.Width Petal.Length Petal.Width Species
## [1,]        FALSE       FALSE        FALSE       FALSE   FALSE
## [2,]        FALSE       FALSE        FALSE       FALSE   FALSE
## [3,]        FALSE       FALSE         TRUE       FALSE   FALSE
## [4,]        FALSE       FALSE        FALSE       FALSE   FALSE
## [5,]        FALSE       FALSE        FALSE       FALSE   FALSE
## [6,]        FALSE       FALSE        FALSE       FALSE   FALSE
```

```r
head(na.omit(iris)) # 3行目が削除されている。
```

```
##   Sepal.Length Sepal.Width Petal.Length Petal.Width Species
## 1          5.1         3.5          1.4         0.2  setosa
## 2          4.9         3.0          1.4         0.2  setosa
## 4          4.6         3.1          1.5         0.2  setosa
## 5          5.0         3.6          1.4         0.2  setosa
## 6          5.4         3.9          1.7         0.4  setosa
## 7          4.6         3.4          1.4         0.3  setosa
```

Rスクリプトでデータ解析フローを作成する段階では、このような関数を使

いながら、コマンドの実行結果が正しいかを逐一確認することを心がけよう。
View()で表示されるデータビューアを目で見て確認するのはやめよう。

3.1.3　クリーンな状態でデータ解析を実行する

　Rスクリプトをある程度書き進めたら、クリーンな状態でRスクリプトを最初から現在の編集箇所まで実行してみて、正しく処理できているか確認しよう。エディタでの作業とコンソールでの作業を繰り返すうちに、オブジェクトの中身が知らず知らずのうちに変更されていたり、記述してあるはずの処理がRスクリプトから消されていたり(つまり後で実行するときに、あるはずのモノがないという事態になる)、ということは非常によくある。このような状態のままRスクリプトの編集作業を進めていくと、記述したコードが無駄なものになりかねない。

　クリーンな状態にするには、環境タブのホウキアイコンをクリックするかコンソールで rm(list = ls()) としてオブジェクトをすべて削除すればよい。または、RStudioのメニューから **[Session]-[Restart R]** とすれば、パッケージの読み込みも含めてクリーンな状態にできる。このステップを怠ると、Rスクリプトを書き上げた後になって、思いどおりの結果にならないという悲惨な結果が待っているかもしれない。そうなってからでは、原因を探るのが非常に難しい場合もあるし、原因がわかっても大幅に書き換えないといけない場合もある。何より、せっかく作り上げたRスクリプトがクリーンな状態で実行してみたら動かない、という状況はモチベーションダダ下がりである。

　次節以降で紹介する、Rスクリプトの部分実行機能を使うと簡単に現在位置まで実行できる。一歩進んで振り返る。三歩進んで二歩下がる。結局は、この繰り返しが最も作業効率を高めるのである。

3.2　はじめてRスクリプトを使うためのチュートリアル

3.2.1　Rスクリプトの作成とオープン

　では、実際にRスクリプトを作成してみよう。
　Rスクリプトは、データ解析フローで実行するRのコマンド群を順番に記述した、いわば解析のレシピである。Rスクリプトはただのテキストファイルなので、RStudio付属のエディタではなく、好きなテキストエディタを使って編集することができるが、本書ではRStudio上での作業を前提とする。ファイルの拡張子は.Rや.rである[7]。

---

[7] RStudioのデフォルトは大文字の.R。

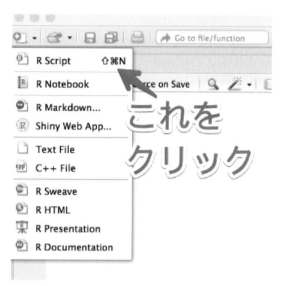

図 3.1　R スクリプトの新規作成

　R スクリプトを作成するには、ツールバーの新規作成アイコンから **[R Script]** を選ぶ[8]。するとエディタタブに **[Untitled1]** というファイルが作成されるだろう[9]。まだディスク上に保存されていないので、さっさとファイル名を決めて保存してしまおう。ツールバーの保存アイコン (フロッピーディスクのアイコン) をクリックして、好きなフォルダに好きなファイル名で保存する。ただしファイル名に日本語や全角文字、スペースや特殊な記号などを使うのは、後で困ることになる可能性があるので、できるだけ避けた方がよい。また、その R スクリプトがどのようなデータ解析を行っているのかわかるようなファイル名を付ける方がよいだろう。

　既存の R スクリプトを開くには、ツールバーから「ファイルを開く」アイコンをクリックして開きたい R スクリプトを選択すればよい。

　R スクリプトを開いても、作業フォルダは変わらないことに注意しよう (コンソールタブの上には作業フォルダが常に表示されている)。もし R スクリプトがあるフォルダを作業フォルダにしたい場合には、メニューから **[Session]-[Set Working Directory]-[To Source File Location]** とする。

3.2.2　R スクリプトファイル用のエディタタブ

　生 R に付属しているシンプルなエディタとは違い、RStudio のエディタタブでファイルを開くとコード編集やコード実行の作業効率を上げるためのさまざまな補助機能を使うことができる (図3.2)。ここでは、R スクリプト用の補助機能を紹介しておこう。

---

[8] これ以降、本文中ではツールバーのアイコンが使える場合にはアイコンをクリックする操作方法を紹介する。しかし操作の大半はメニューやキーボードショートカットでも実行できる。

[9] ファイル名は必ずしも **[Untitled1]** とは限らないが気にしないでよい。

3.2 はじめてRスクリプトを使うためのチュートリアル

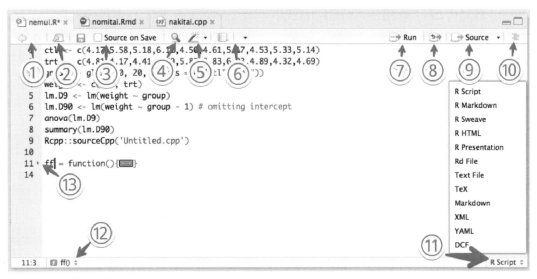

図 3.2 エディタタブ

① 矢印アイコンで、Rスクリプト上の編集した場所の履歴を戻ったり進んだりできる。編集作業を取り消したり再実行したりするアンドゥ・リドゥではないので注意しよう。

② タブではなく独立したウィンドウとしてエディタを開くことができる。ディスプレイの作業スペースが大きい場合には便利だろう。

③ 保存アイコンでファイルを保存できる。**[Source on Save]** がチェックされている場合には、保存時にスクリプトの内容を実行する。

図 3.3 検索・置換インタフェース

④ 虫眼鏡アイコンをクリックすると検索・置換用のインタフェースが開く(図 3.3)。⑭のテキストボックスには検索語句を入力する。検索語句を入力して **[Next][Prev]** をクリックすると検索にヒットした場所を順番に選択できる。**[All]** をクリックすると検索にヒットした場所がすべてハイライト表示される。⑮のテキストボックスには置換語句を入力する。**[Replace]** をクリックすると選択中の検索箇所の語句が入力した語句に置換される。**[All]** をクリックすると検索にヒットしたすべての語句が入力した語句に置換される。その下のチェックボックスにチェックを入れることで、選択

中の領域内のみの検索 (Inselection)、大文字小文字の区別 (Matchcase)、正規表現検索 (Regex) など高度な検索を行うこともできる。

⑤ ステッキアイコンをクリックするとコード編集の補助ツールを開くことができる。簡単なリファクタリング[10]や整形、コメント化・非コメント化などを行うこともできる。コードの診断 (7.4 節) やプロファイル (7.4.1 項) なども可能である。
⑥ ノートアイコンで、R スクリプトからレポートを作成できる (4.8 節)。
⑦ **[Run]** はカーソルがある行、または選択範囲のコードを実行する。
⑧ 直前のコマンドを再度実行する。
⑨ **[Source]** は R スクリプト内のコマンドをすべて実行する。
⑩ R スクリプトのアウトライン (構造の概要) が表示される (3.2.6 項を参照)。
⑪ ファイル形式を変更できる。ファイル形式を変更すると、その形式に応じた補助ツールが表示される。デフォルトでは補助ツールはエディタタブで開いているファイルの拡張子に応じて、適切なものが表示される。
⑫ スクリプト内で定義されている関数リストやコードセクションに直接移動することができる。R スクリプトが長くなってきた場合にも、目的の場所にすぐに移動できるので、使ってみるとよいだろう。
⑬ コード行の左に▶や▼が表示されている場合は、コードのブロック（コードセクション、関数定義、for ループなど）を折りたたんだり、展開したりできる。

なお、これらの編集補助機能の多くは、メニューバーの **[Code]** からも呼び出すことができる。メニューはすべて英語で書かれているので、英語が苦手な人は英語を勉強しよう。

3.2.3 R スクリプトの実行

R スクリプトを開いたら、データ解析に必要なコマンドを記述してみよう。ここでは以下のような内容の R スクリプトを作成してみよう。

```
1  # サンプルデータを読み込んで概要と相関プロットを表示
2
3  ## データの読み込み
4  d = read.table("sample.tsv")
5
6  ## 概要の表示
7  summary(d)
8
9  ## 相関プロット
10 plot(d)
```

これだけでも立派な R スクリプトである。編集したら、保存するのを忘れな

---
[10] 変数の一括リネームなど、コードを洗練させていく作業のこと。

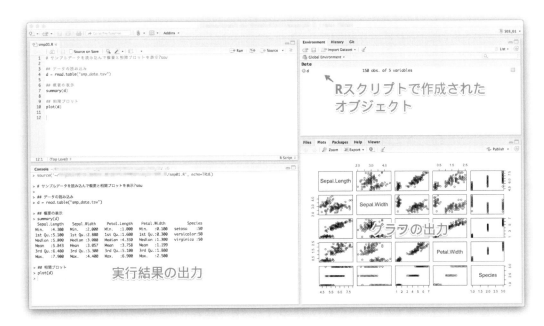

図 3.4 Rスクリプトの実行

いように。以降、このRスクリプトを実行すれば、必ずこのコマンドが一字一句違わずに実行される (図 3.4)。コンソールで対話的にアドホックに手作業でコマンドを入力するというデータ解析フローに比べて、再現可能性は飛躍的に高まっている。

このRスクリプトを実行するには、コンソールで

```
source("sample.R") # sample.Rの部分はRスクリプトのファイル名
```

とするか、エディタタブのツールバーにある **[Source]** をクリックすればよい。

ただし一つ注意が必要で、デフォルトでは summary(d) の結果はコンソールに表示されない。これは通常コンソールで summary(d) と入力して実行したときには、実は print() 関数が暗黙のうちに呼び出されているが、source() によりRスクリプトを実行した場合には print() 関数が呼び出されないからである。各コマンドに対して print() 関数を呼び出しながらRスクリプトを実行するには、echo オプションを指定して、

```
source("sample.R", echo=TRUE)
```

とするか、エディタタブのツールバーにある **[Source]** の横の▼をクリックして **[Source with Echo]** を選べばよい。

なお、Rスクリプトを実行した後は、Rスクリプト内で作成した変数にコンソールからアクセスできるようになる。試しに、コンソール上で head(d) と入力してみよう。Rスクリプトで作成した変数の内容が表示されるはずだ。

Windowsでは、コンソールで source() としてRスクリプトを実行する場合には、文字コードに気をつける必要がある。デフォルトでは source() はRスクリ

プトの文字コードがCP932であることを前提としている。したがって、Rスクリプトが UTF-8 で保存されている場合には、source("file.R", encoding = "utf8") として明示的に文字コードを指定するか、options(encoding = "utf8") として、(RStudioではなく) Rのグローバルオプションを変更する必要がある。

3.2.4　Rスクリプトの部分実行

　完成したRスクリプトなら、上述のようにsource()などでRスクリプト全体を実行すればよい。

　しかし、本章の冒頭で説明したように、Rスクリプトを作成している過程では、Rスクリプトに記述したコマンドを部分的に実行することがある。RStudioにはこのような部分的な実行を補助する機能がある。

　ツールバーの [Run] アイコンでカーソル行 (または範囲選択している場合は選択範囲) のみを実行できる。メニューから [Code]-[Run Region] でカーソル行まで、カーソル行以降、カーソルがある行が含まれる関数定義やコードセクション (3.2.6項)、といった、さまざまなタイプの部分実行が可能である。

　特に、環境をクリーンにした上でRスクリプトの先頭から現在位置までを実行する ([Code]-[Run Region]-[Run From Beginning To Line]) という作業は重要である。例えば、加筆編集したRスクリプトが期待どおりに動かない場合、どこまでは期待どおりに動作するのか検証していくことになる。この際に、クリーンな状態にして先頭から適当な場所まで実行して確認すれば、その範囲は正しく動作しているのかどうか検証することができる。

3.2.5　コメントを書こう

　Rスクリプトにはコメントを記述できる。各行の#以降は、コメントとして扱われるため実行されない。Rスクリプトを編集する際は、それぞれの処理内容がどういうものなのか、中学二年生が読んでもわかるくらい丁寧にコメントを記述するとよい。

```
1  # iris は「あやめ」という花についてのデータが記録されたデータフレームである。
2  # iris の1列目から4列目には、「花びら」と「がく」の長さと幅が記録されている。
3  # ここでは各列（変数）の平均を計算して、me1 という変数に代入している。
4  # me1 は長さが4のリストになる。
5  me1 = lapply(iris[1:4], mean)
6
7  # 各変数の平均をグラフで表示する。
8  # リストはそのままではグラフにできないので、unlist でリストからベクトルに変換している。
9  plot(unlist(me1))
```

　コメントが直接、再現可能性を高めるわけではないが、解析環境の整備という意味で再現可能性に貢献する。例えば、時間がたってから再びデータ解析フ

ローを実行したい場合、大規模なプロジェクトならば大量のRスクリプトの中でどれが何を処理しているのかわからなくなるかもしれない。最悪の場合、記述してあるコードを読んで処理内容を判断することになる。Rスクリプトにコメントが記述されていれば、目的のファイルを正しく素早く発見する助けになるのである。

また、Rスクリプトを作成し、時間がたってから処理の一部を追加、修正する必要があったとする。実際にこういうことは頻繁にある。この場合にもコメントが丁寧に記述されていれば、どの部分にどのような修正、追加をすればよいのか、容易に把握することができる。コメントが一切記述されていない状態を想像してみてほしい。そのようなRスクリプトの修正に取りかかるのは、誰でもない未来の自分である。

3.2.6 コードセクションを活用しよう

Rスクリプトが長くなってくると、どの部分がどのような処理をしているのか、わけがわからなくなってくる。わかりやすくコメントを付けておくのもよいが、RStudioを使っているならコードセクションを活用しよう。

コードセクションはRStudioのエディタタブの編集補助機能で、コードを任意の長さの名前付きセクションに区切ることができる。セクションに区切っても、Rの処理自体には何ら影響はない。

コードセクションの利点は次のとおりだ。

- コードの区切りがわかりやすい。
- セクション単位でコードを折りたたむことができる。セクション区切り行の行番号の横に▼アイコンが表示されるので、これをクリックすれば折りたたみ、展開ができる。
- セクション単位でコードを実行することができる (**Ctrl+Alt+T / Command+Option+T**)。
- エディタタブ左下のコードナビゲーション機能を使うことができる。
- エディタタブ右のアウトライン機能を使うことができる。

RStudioのエディタでは、行末に----、====、####が付記されたコメント行はコードセクションの開始として認識される。キーボードショートカット (**Ctrl+Shift+R / Cmd+Shift+R**) でコードセクションを挿入することもできる。

例えば次のような感じである。

```
1  # 前処理 -------------------------------
2
3  hoge = read_table("hogehoge")
4
5  # 解析 ---------------------------------
6
```

```
 7  hogefit = lm(hoge)
 8
 9  # グラフ作成 --------------------------------
10
11  plot(hogefit)
```

コードの折りたたみやナビゲーション、セクション単位での実行は、Rスクリプトを編集する上で非常に便利でオススメである。

3.3 プロジェクト機能を利用する

データ解析フローが複雑になってくると、複数のRスクリプトを使うことがある。また、多数のデータソースを使ったり、データ解析の結果を保存したグラフやテキスト、表形式のファイルなどが大量に作成されることになる。このような状況で、データ解析フローに関わるファイルなどすべてを一括して見通しよく管理するのは簡単ではない。例えば作業フォルダはどこにするべきか、必要なファイルはどこにあるのか、結果のファイルはどこに保存すればよいのか、などなど、これらをいちいち確認しながら作業することは大きな負担である。RStudioには、このような問題を解決すべく、プロジェクト機能が備わっている。

プロジェクト機能を使わなかったからといって直ちに再現可能性が破綻するわけではないが、プロジェクト機能を使う(または使うことを意識する)ことで再現可能性を保ったデータ解析フローの作成が劇的に容易になる。

3.3.1 解析フローをプロジェクトとして意識する

あるまとまった解析フローの再現可能性を高めるためには、その解析フローをプロジェクトとして意識して、RStudioのプロジェクト機能を活用するとよい。前提として、一つの解析プロジェクトに関連するファイルは一つのフォルダ(およびそのサブフォルダ)に集約しよう。これをプロジェクトフォルダと呼ぶ。例えば、以下のようなフォルダ構造が考えられる。

```
1  .
2  ├── figure # 確認用のグラフ
3  │   ├── glmm.pdf
4  │   ├── mean.pdf
5  │   ├── sem_with_label.pdf
6  │   └── sem_wo_label.pdf
7  ├── figure_pub # レポート用のグラフ
8  │   └── glmm_pub.pdf
```

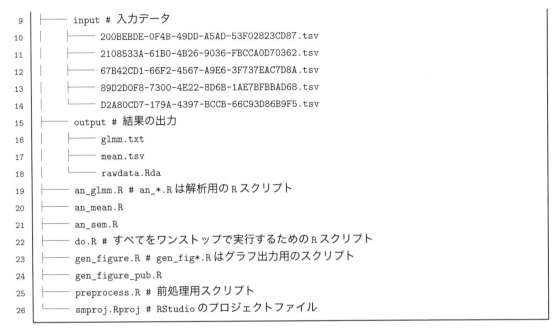

もちろん、プロジェクト機能を使わなくてもこのようなフォルダ構造にすることはできる。しかしこれは、できるかできないか、という問題ではなく、やりやすいかやりにくいか、という問題であり、プロジェクト機能を用いることで、圧倒的にやりやすくなることは間違いない。

サーバのログを読み込むときや、他のアプリケーションで出力結果を使うときなど、入出力ファイルをプロジェクトフォルダの中に配置できない場合もあるかもしれない。見通しは悪くなるが、プロジェクトフォルダの外にあるファイルを読み書きできないわけではないので、そのような場合には、無理やりプロジェクトフォルダの中に配置する必要はない。柔軟に対処しよう。

3.3.2 プロジェクトの作成

プロジェクトの作成には、新規にプロジェクトフォルダを作成する方法と、既存のフォルダをプロジェクトフォルダとする方法の二通りある。何もない状態から解析を始めるときは、新規にフォルダを作成するとよいだろう。すでに解析に関連するファイルがまとめられたフォルダがある場合には、そのフォルダをプロジェクトフォルダにすればよい。

プロジェクトを作成するにはツールバー右端の①のプロジェクト管理アイコンをクリックして、② **[New Project]** を選択する (図 3.5)[11]。プロジェクト管理アイコンでは、プロジェクトの作成の他、既存のプロジェクトを開く、最近使ったプロジェクト一覧からプロジェクトを開く、プロジェクトのオプション設定画面を開く、といった操作もできる。プロジェクトを意識した解析ではこのアイコンにはたびたびお世話になるだろう。

---

[11] RStudio バージョン 1.1 ではツールバーのアイコンからもプロジェクトの新規作成が可能である。

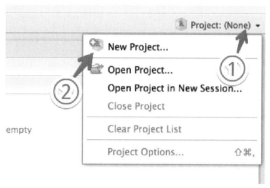

図 3.5 ツールバーのプロジェクト操作アイコン

なお、新しいプロジェクトを作る際は、現在開いているプロジェクトやファイルは一旦閉じられる。保存していないファイルやワークスペースがある場合は保存するか聞かれるので、保存が必要なら保存しよう。

図 3.6 プロジェクト作成ダイアログ

[New Project] を選択すると、プロジェクト作成ダイアログが開く (図 3.6)。新規にプロジェクトフォルダを作るなら [New Directory] を、既存のフォルダをプロジェクトフォルダとするには [Existing Directory] をクリックする。

図 3.7 新規作成ダイアログ

新規にプロジェクトを作成する場合、続いてプロジェクトの種類を聞かれるので、パッケージの作成や shiny プロジェクトの作成ではなく、通常のデータ

解析が目的のプロジェクトなら [Empty Project] を選択しよう (図3.7)。

図 3.8　プロジェクト名の入力

最後に、プロジェクト名 (つまりプロジェクト用のフォルダの名前) を入力して、[Create Project] をクリックすれば完了である (図3.8)。プロジェクト名に日本語や全角文字、スペースや特殊な記号などを使うのはできる限り避けた方がよいだろう。筆者自身は今のところ日本語プロジェクト名により問題が起こったことはない (Mac OS X 環境) が、環境によっては問題が起こる可能性もある上、今後の RStudio のアップデートによっても問題が起こる可能性がある。

既存のフォルダをプロジェクトフォルダとする場合は、[Existing Directory] をクリックした後に、フォルダを指定する画面になるので、目的のフォルダを指定して [Create Project] をクリックすれば完了である。

ツールバー右端のプロジェクトアイコンにプロジェクト名が表示されていることを確認しよう。

3.3.3　プロジェクトを開く

既存のプロジェクトを開くには、いくつかの方法がある。

1. エクスプローラ (Windows) や Finder (Mac) のプロジェクトフォルダ内にある *.Rproj ファイルをダブルクリックなどで開く。* はプロジェクト名 (通常はフォルダ名)。
2. RStudio を開いて図3.5のツールバー右端の①のプロジェクト管理アイコンをクリックして、[Open Project] をクリックする。ファイル選択ダイアログが開くので、プロジェクトフォルダの中の *.Rproj を選択する。この場合、現在開いているプロジェクトは閉じてしまうので、現在のプロジェクトを閉じずに、もう一つのプロジェクトを開きたい場合は [Open Project in New Session] からプロジェクトを開けばよい。RStudio のウィンドウがもう一つ起動して、別のプロジェクトを開くことができる。

プロジェクトを開くと、作業フォルダはプロジェクトフォルダとなり、(デ

フォルトの設定では) 最後にプロジェクトを閉じたときの環境が再現される。環境中のオブジェクトも再現される。ただし、最後にプロジェクトを閉じたときに読み込まれていたパッケージは自動的には読み込まれないので、再度読み込む必要がある。

なお、RStudio のグローバルオプション (7.1 節) の **[General]** タブで **[Restore most recently opened project at startup]** にチェックを入れておくと、前回 RStudio を終了したときに開いていたプロジェクトが、RStudio 起動時に自動的に開かれる。

3.3.4　なぜプロジェクトを使うのか

すでに述べたように、プロジェクトを使わなければ直ちに再現可能性が破綻するわけではない。ここでは筆者の経験から、プロジェクトを使うメリットを記しておこう。前提として、解析ジョブごとにデータ、R スクリプト、解析結果などをまとめたフォルダを別々に作成してあるとする。これができていなければ相当まずい状況である。

プロジェクトを使うメリットの一つが、ワークスペースの整合性である。

生 R でも RStudio でも、起動してから解析ジョブのフォルダに移動する場合には、必ずしもそのジョブのワークスペースや履歴が開かれるとは限らない。別のジョブ用の履歴が出てきても混乱するだけだし、別のジョブで作成したオブジェクトがワークスペースに読み込まれたら、誤動作の可能性もある。プロジェクトを使えば、プロジェクトを開いた際に、そのプロジェクトのワークスペースや履歴が読み込まれることになるので、これらの問題が起きる可能性は極めて低くなる。

次に、作業環境の復元である。

ある解析ジョブを途中まで進めて、さて今日はここまで、残りは明日やろう、ということがある。そのままパソコン開きっぱなしなら問題ないが、そうではない場合に、その解析ジョブの作業環境、開いているファイルなどをウィンドウ上に復元するのは、意外と面倒だ。複数の R スクリプトファイルを開いているときなどはウィンドウの状態を復元することは不可能に近い。プロジェクトを使えば、一度 RStudio を閉じても、再度そのプロジェクトを開くことで作業環境が復元される。これは小さなことに感じるかもしれないが、大変ありがたい機能である。

次に、解析しなければならないジョブを同時に複数抱えている場合である。

まずジョブ A に取り掛かる。生 R を開き、作業フォルダをそのジョブのフォルダに移動して、必要なファイルを開く。解析フローを実行して、結果を書き出す。次にジョブ B に取り掛かる。作業フォルダをそのジョブのフォルダに移動して、必要なファイルを開く。解析フローを実行して、結果を書き出す。

ジョブ B で作業する際に、ジョブ A で行った作業の痕跡が多数残っている。例えばエディタにはジョブ A 用の R スクリプトが開きっぱなしかもしれない。

ワークスペースにはジョブA用のオブジェクトが残っているかもしれない。ジョブA用のパッケージがロードされたままかもしれない。

　ここでジョブごとにプロジェクトを割り振れば、作業環境やワークスペースごと一式切り替わる。これにより、複数のジョブを抱えている際の作業効率が著しく向上することは間違いない。

　実際のところ、そもそも自分がどのジョブに取り組んでいるのかわからなくなる。これは人間の認知能力の限界の問題である。調理器具も食材も調味料も異なる和食、洋食、中華料理、タイ料理を同じ台所で作る状況を想像してほしい。明らかに混乱するだろう。プロジェクトを使えば、和食用、洋食用、中華料理用、タイ料理用の台所を持つことができるということである。

　ごちゃごちゃと説明したが、とにかくプロジェクトを使うこと。新しい解析ジョブに取り掛かるときは、何よりも最初にその解析ジョブ用にプロジェクトを作成すること。お願いだから、これは騙されたと思って実践してみてほしい。

3.3.5　プロジェクトのオプション

　RStudioのオプションの一部をプロジェクトごとに設定することができる。図3.5のツールバー右端の①のプロジェクト管理アイコンをクリックして、一番下の**[Project Options…]**を選択しよう。

図3.9　プロジェクトオプション設定ダイアログ

　図3.9のプロジェクトオプション設定ダイアログが開くだろう。大部分はRStudioのオプションと重複しているので、オプションの内容については7.1節を参考にしてほしい。これらのオプションで**[(Default)]**が選択されていれば、RStudioの設定が引き継がれる。それ以外の値を指定した場合には、プロジェクト向けにカスタマイズすることが可能である。

　[Packrat]は、パッケージ環境の再現性を高める**packrat**パッケージ (6.2節)

についての設定を行うことができる。

3.4 データの読み込みの自動化

　これまで、R スクリプトにより解析フローを自動化して再現可能性を高める方法を説明した。また RStudio のプロジェクト機能により作業環境を整えて再現可能性を高める方法を説明した。残すは、再現可能性の高いコードを書くことである。

　本章の残りの部分では、手作業で済ませてしまうことが多く再現可能性を破綻させる原因になりやすいデータの読み込みと解析結果の保存について、再現可能性の高いコードを書くためのコツを説明する。

　まず最初にデータの読み込みである。解析フローの入力となるデータに対して、次のような方法でデータを読み込んでいる場合には、再現可能性が破綻しているので注意しよう。

- ファイルダイアログでインポート。RStudio にはファイルを読み込むための便利な機能がついている (2.6.6 項) が、これは再現可能性にとっては罠である。使うのは避けよう。例外として、インポートダイアログのコードプレビューに表示されたコードを R スクリプトにコピペするのはアリである。
- コピペ (コピー・アンド・ペースト)。Excel やテキストファイル等からコピペするのは避けよう。クリップボードを扱う pipe() や clipboard() の利用も、再現可能性を破綻させる。
- R スクリプトにデータ読み込みコマンドを記述するのではなく、コンソール上で対話的にコマンドを実行して読み込んでから解析を行う。

　ただしここで言っているのは、あくまで「解析フローの入力データ」に対してであって、何が何でも上のような方法を使ってはいけないわけではない。解析フローに対する入力データと、その前段階の生データであるデータソースについては第 1 章で説明した。例えば、データソース (仮に SourceData と呼ぶ) があったとする。これはサーバのログだったり、実験データだったり、さまざまである。状況によっては、このようなデータソースを直接、解析フローの入力データとするのではなく、データソースを読み込んで R で扱いやすい形式 (たとえば CSV や TSV などの表形式のテキストファイルや R オブジェクトファイル) に変換 (前処理、下処理) した上で、解析フローの入力データ (仮に InputData と呼ぶ) として扱う場合もある。

　このような場合には、SourceData から InputData への変換は、ファイルダイアログ、コピペ、コンソール上でのアドホックなコマンドによる読み込

みを行う必要があるかもしれない。ただし、再現可能性が保たれているのは InputData に始まる解析フローであって、SourceData は再現可能の範囲に含まれないことに注意しよう。

具体的な例で説明してみよう。

今、ボスが「解析してや〜」と、生データとして売上データが記述されたテキストファイルを送ってきたとする。これが SourceData である。最悪なことに、このファイルは人の目で見てみなければ理解不能、したがって手作業でのコピペを駆使しなければ処理不能な、機械的に扱いづらいファイルだったとする。このファイルをそのまま R で処理することは不可能である。この場合は、SourceData を目で見て、手で整えて、R で処理できる形式(多くの場合は `data.frame` だろう)の、解析フローの入力となるデータを作成する必要がある。これが InputData である。InputData が作成できたら、その後の解析フローでは R スクリプトを実行して、解析結果を自動出力すればよい。

さて、あなたが解析結果を出力したグラフを紛失、破損したとする。しかし問題ない。InputData から解析結果までは再現可能の範囲に含まれるので、InputData を入力データとして解析フローを再実行すれば、再現可能性は保たれている。

ところが、例えば InputData までも紛失、破損していたとする。この場合、再度 SourceData から InputData を目と手を駆使して作成する必要がある。無事、InputData ができたとしよう。そして再び解析フローを実行したとしよう。しかしこの状況では、再現可能性は破綻している。以前に出力したグラフが再現されている保証はない。なぜなら、SourceData から InputData への変換は再現可能性を保てていないため、InputData が以前のものと同じである保証がないからである。

このように、場合によってはデータソースから入力データへの変換で、手作業や目作業を行うことが避けられない場合もある。したがって、解析フローの中でどこからどこまでが再現可能なのかを常に意識することが重要である。第 1 章の図 1.5 も参考にしてほしい。そしてやはり、可能な限り手作業を持ち込むのはやめよう。上の例の場合には、R で処理できる形式で生データを送ってもらうようにボスにお願いしよう。そうすれば、そのデータを InputData として使うことができる。

3.4.1 同じ解析を繰り返すならデータソースはいじるな

新しいデータが追加された場合や、サーバのログや他のアプリケーションの出力、またはウェブページなど、日々更新されるデータソースを扱わなければならない状況もある。解析フローは固定されていて、データソースの内容だけが変わるような状況も多いだろう。この場合の再現可能性とは、結果そのものが一致することを意味するのではなく、データソースと結果をつなぐ解析フローにおいて全く同じ処理がなされることを意味する。

上の例のように、データソース (SourceData) がごちゃごちゃしたテキストファイルの場合などでは、手作業でデータソースを編集や整形して入力データ (InputData) を作成する必要があるかもしれない。しかし、もしデータソースが更新される可能性がほんのわずかでもあって、しかも更新されたデータソースに対して、同じ解析フローを実行する必要があるなら、手作業によるデータソースの修正は最悪の対応となる。

なぜなら、新しく更新されたデータソースは、やはりごちゃごちゃした形でやってくるからである。新しいデータソースに対して同じ解析フローを適用するためには、再び手作業による編集や整形が必要である。そして、その手作業が前回の手作業を再現できている保証は全くない。

このようなケースでは、どんなに面倒でも、データソースを入力データに変換する前処理を再現可能な解析フローに組み込むべきである。もちろん、そのような自動化された前処理が実装困難なほどデータソースがぐちゃぐちゃの場合もあるだろう。このような場合は、そもそも再現可能性から程遠い場所にいるので、根本から考え直す必要がある。

3.4.2 表形式のテキストファイルを読み込む

データソースが表形式のテキストファイル (csv や tsv) の場合は、`read.table()` 系の関数を使って読み込めばよい。

```
src = read.table("iris.tsv", header = TRUE)
head(src)
```

```
##   Sepal.Length Sepal.Width Petal.Length Petal.Width    Species
## 1          6.4         2.9          4.3         1.3 versicolor
## 2          6.5         3.0          5.2         2.0  virginica
## 3          4.9         2.4          3.3         1.0 versicolor
## 4          6.2         2.9          4.3         1.3 versicolor
## 5          6.9         3.1          5.1         2.3  virginica
## 6          4.6         3.6          1.0         0.2     setosa
```

という感じである。`read.table()` の主な引数を示しておこう。

引数名	説明
file	入力ファイル名
header	TRUE なら先頭行をヘッダとして扱う
sep	区切り文字。タブ区切り (tsv) なら"\t"とする
quote	クォート (囲み) 文字。複数の文字を指定できる
as.is	FALSE なら文字列を因子型に変換する
na.strings	指定した文字列は NA として処理される
nrows	最大何行読み込むか。-1 ならすべて読み込む

引数名	説明
skip	指定した行数だけ (先頭から) 読み飛ばす
stringsAsFactors	TRUE なら文字列を因子型に変換する
fileEncoding	ファイルの文字コード (エンコーディング)

他にも read.csv()、read.csv2()、read.delim()、read.delim2() などの関数が提供されているが、これらは引数を csv や tsv 用に設定して read.table() を呼び出しているにすぎない。また、固定幅テキストの読み込みには read.fwf() を使うことができる。

Windows でこれらの関数を使ってテキストファイルのデータを読み込む場合は、文字コードについての注意が必要である。Windows ではデータ読み込み関数はテキストファイルの文字コードが CP932 であることを前提としている。したがって、テキストファイルの文字コードが UTF-8 の場合には、read.table("data.tsv", fileEncoding = "utf8") として明示的に文字コードを指定するか (encoding ではなく fileEncoding であることに注意)、options(encoding = "utf8") として、(RStudio ではなく) R のグローバルオプションを変更する必要がある。

表形式データの読み込みには、**tidyverse** の **readr** パッケージを使うのもよいだろう。使い方は read.table() とほぼ同じである。

```
library(readr)
mtcars = read_csv(readr_example("mtcars.csv"))
```

```
## Parsed with column specification:
## cols(
##   mpg = col_double(),
##   cyl = col_integer(),
##   disp = col_double(),
##   hp = col_integer(),
##   drat = col_double(),
##   wt = col_double(),
##   qsec = col_double(),
##   vs = col_integer(),
##   am = col_integer(),
##   gear = col_integer(),
##   carb = col_integer()
## )
```

```
head(mtcars)
```

```
## # A tibble: 6 × 11
##     mpg   cyl  disp    hp  drat    wt  qsec    vs    am  gear  carb
```

```
##   <dbl> <int> <dbl> <int> <dbl> <dbl> <dbl> <int> <int> <int> <int>
## 1  21.0     6   160   110  3.90 2.620 16.46     0     1     4     4
## 2  21.0     6   160   110  3.90 2.875 17.02     0     1     4     4
## 3  22.8     4   108    93  3.85 2.320 18.61     1     1     4     1
## 4  21.4     6   258   110  3.08 3.215 19.44     1     0     3     1
## 5  18.7     8   360   175  3.15 3.440 17.02     0     0     3     2
## 6  18.1     6   225   105  2.76 3.460 20.22     1     0     3     1
```

　読み込んだファイルは、通常のdata.frameではなく、tibbleというdata.frameを拡張した形式のオブジェクトとなる。data.frameを受け付ける大半の関数は、tibble形式のままでも問題なく動作する。しかしdata.frame形式しか受け付けない関数もあるので、もし生data.frame形式としたければ、as.data.frame()を使って、

```
1  library(readr)
2  src = read_csv("hoge.csv")
3  src = as.data.frame(src)
```

とすればよい。

　readrパッケージによる表形式データの読み込みでは、生Rのread.table()系の関数に比べて次のような違いがある。

- 高速 (最大10倍程度)。
- 文字列を文字列のまま読み込む (factorオブジェクトに変換しない)。また日付として認識できるものは日付型として読み込む。
- 読み込みがどの程度進んだか示すプログレスバーが表示される。
- ロケール[12]に関わらず動くはず。

　なお、read.table()などのRの付属の関数群とは異なり、**readr**パッケージでは文字コードとしてUTF-8を前提としている。したがって、WindowsでもたまコードがUTF-8のテキストファイルをオプション指定なしで読み込むことができる。逆に、Shift JIS (CP932) などの文字コードのファイルを読み込みたい場合は、localeオプションを用いて、

```
1  read_csv("data.csv", locale = locale(encoding = "CP932"))
```

のように指定する必要がある。

3.4.3　ごちゃごちゃしたテキストファイルを読み込む (外部ツールの力を借りる篇)

　データソースが、ごちゃごちゃしたテキストファイルの場合もあるだろう。このような場合は、awkなどの外部ツールを使うことも一つの手である[13]。な

---

[12] コンピュータで使用する言語、時刻表示などの国や地域ごとの設定のこと。
[13] 当然ながら、外部ツールを使えるように、プラットフォームに応じて環境を整える必要がある。

お、R 以外のツールを使うこと自体は再現可能性が破綻する直接的な原因にはならない。そのツールの使用も含めて、データ解析フロー全体を自動化すれば問題ない。しかし、環境が変われば同じ外部ツールが使えるかどうかわからないので、可能ならRとRのパッケージだけで処理を行う方がよいだろう。

R から外部ツールを使う場合、system() 系の関数により外部コマンドを呼び出して結果を出力させて、その結果をRで読み込めばよい。逆に bash スクリプトなどをデータ解析フローのトリガーとして、この中に外部ツールによるデータ整形処理、R によるデータ解析処理を含めることも可能である。

次のようなごちゃごちゃしたデータがあったとする (世の中のダメダメデータに比べればはるかにマシな方である)。なぜか先頭にコメントがあり、@@ がデータの始まりを表すフラグである。各行はコンマ区切りの 4 列のデータのようだが、途中に謎の文字列が挿入されている行がある。

```
1  2017/3/31 ダメダメデータ例
2  5.1,3.5,1.4,0.2
3  @@
4  4.9,3,1.4,0.2
5  A hogehoge
6  4.6,3.1,1.5,0.2
7  B hogehoge
8  5,3.6,1.4,0.2
9  10 hogehoge
10 4.4,2.9,1.4,0.2
```

ここでは、@@ 以降の行で数字とコンマだけで構成されている行がデータである、ということにしておこう。ここから、目的のデータだけ抜き出す方法はいくらでもあるが、awk コマンドは次のようなものだ。

```
1  cat awk_sample.txt  | gawk '/@@/,/END/' | gawk '/^[,0-9.]+$/'
```

もちろん awk スクリプトを記述して呼び出してもよい。

では、R からこの awk コマンドを呼び出して結果を受け取ってみよう。

```
1  src = system("cat awk_sample.txt  | gawk '/@@/,/END/' | gawk '/^[,0-9.]+$/'", TRUE)
2  con = textConnection(src)
3  dat = read.csv(con, header = FALSE)
4
5  dat
```

```
##   V1  V2  V3  V4
## 1 4.9 3.0 1.4 0.2
## 2 4.6 3.1 1.5 0.2
## 3 5.0 3.6 1.4 0.2
## 4 4.4 2.9 1.4 0.2
```

グッジョブだ。

awkスクリプトを手作業で実行して、その結果を解析フローの入力データとして使うことは避けよう。awkスクリプトを実行することを忘れるかもしれない。とにかく自動化できる作業はすべて自動化することが、再現可能性を高める大原則である。

3.4.4 ごちゃごちゃしたテキストファイルを読み込む (Rで頑張る篇)

上のような処理をRだけで行うことも可能である。その場合は、基本的な方針として、readLines()とテキスト処理関数 (**stringr**パッケージがオススメである) を組み合わせることになるだろう。

例えば以下のような感じである。

```
# テキストから読み込む。
src = readLines("awk_sample.txt")
# "@@"の行の次の行から、最終行までを抜き出す。
src = src[(which(src =="@@")+1):length(src)]
# 先頭が数字、コンマ、ピリオドで始まる行を抜き出す。
src = src[grepl("^[,0-9.]+$", src)]
# その文字列をCSVテキストデータとして扱い、データフレームとして読み込む
dat = read.csv(textConnection(src), header = FALSE)
```

手作業で**awk_sample.txt**の内容をきれいに整形する状況と比べてみてほしい。このように再現可能な方法でデータソースから入力データへの変換を行っておけば、データソースが更新されても再現可能性は破綻しない。

なお、ごちゃごちゃしたテキストを手作業ではなく機械的に処理しようと思ったら、正規表現を習得することが望ましい。むしろ正規表現を使わないとほぼ不可能と言ってよい。データ処理に携わる人には、正規表現は武器であり、救いである。これを機に、正規表現を習得しよう[14]。

なお、readLines()でテキストファイルを読み込む場合、Windowsでは文字コードがCP932であることを前提としている。したがって、テキストファイルの文字コードがUTF-8の場合には、readLines(file("data.txt", encoding = "utf8"))として明示的に文字コードを指定するか (file()関数を使う必要があることに注意)、options(encoding = "utf8")として、(RStudioではなく) Rのグローバルオプションを変更する必要がある。

3.4.5 Excel ファイルを読み込む

解析したいデータがExcelファイルとして提供されていることもある。(セル結合や妙な注釈のない) きれいなExcelファイルなら、再現可能な形でRから読み込むことも可能である。

tidyverseの一つの**readxl**では、Excelファイル (xls/xlsx) をデータフレーム

---

[14] まずはWikipediaで「正規表現」の項目を読んでみよう。

として読み込むためのシンプルな方法を提供している。

```
1  library(readxl)
2  read_excel("data.xlsx") # 最初のシートのデータを読み込む
3  read_excel("data.xlsx", 2) # 2番目のシートのデータを読み込む
4  read_excel("data.xlsx", "mtcars") # 名前でシートを指定
5  read_excel("data.xlsx", range = "C1:E7") # 範囲指定
6  read_excel("data.xlsx", range = "mtcars!B1:D5") # シートと範囲の指定
```

なお、`read_excel()`で読み込んだ場合、通常の`data.frame`クラスではなく、`tibble`という`data.frame`を拡張した形式のオブジェクトが作成される。

さて、エクセルについてはネ申エクセルの問題に触れないわけにはいかないだろう[15]。セル結合や構造化されていない注釈など、人の目では理解できるが機械的に処理することが困難なエクセルをネ申エクセルと呼ぶ。したがって、ネ申エクセルを前に再現可能性を保つことは極めて難しい。ネ申エクセルに対処するには、作成者にお願いして機械でも可読な形のシンプルな表形式のデータを提供してもらうしかない。

3.4.6　他の統計ソフトのファイルを読み込む

Rは現在ではデータ解析業界を牽引する統計解析環境であるが、当然ながら世の中にはR以外の統計ソフトも多くある。チームでの分担作業や共同研究などでは、R以外の統計ソフトのデータファイルを扱う必要があるかもしれない。

RStudioではSPSS/SAS/Stataのデータファイルを読み込む（インポートする）ためのGUIダイアログが用意されている (2.6.6項)。しかしファイルダイアログを使った手作業によるデータインポートは、再現可能性の破綻への第一歩である。再現可能性を高めるためには、これらの外部データファイルのインポートも解析フローに組み込んでRスクリプトに記述してしまおう。

RStudioは外部データファイルを読み込むための**haven**パッケージを提供している[16]。

関数名	ソフト	拡張子
read_dta	Stata DTA	.dta
read_por	SPSS	.por
read_sav	SPSS	.sav
read_sas	SAS	.sas7bdat + .sas7bcat

使い方は簡単だ。

---

[15] https://oku.edu.mie-u.ac.jp/~okumura/SSS2013.pdf
[16] ファイルダイアログでのインポートも、結局は**haven**パッケージの関数を呼び出しているにすぎない。

```
1  library(haven)
2  path = system.file("examples", "iris.sas7bdat", package = "haven") # 付属のサンプルファイル
3  src = read_sas(path)
4  src
```

```
## # A tibble: 150 x 5
##    Sepal_Length Sepal_Width Petal_Length Petal_Width Species
##           <dbl>       <dbl>        <dbl>       <dbl> <chr>
## 1           5.1         3.5          1.4         0.2 setosa
## 2           4.9         3.0          1.4         0.2 setosa
## 3           4.7         3.2          1.3         0.2 setosa
## 4           4.6         3.1          1.5         0.2 setosa
## 5           5.0         3.6          1.4         0.2 setosa
## 6           5.4         3.9          1.7         0.4 setosa
## 7           4.6         3.4          1.4         0.3 setosa
## 8           5.0         3.4          1.5         0.2 setosa
## 9           4.4         2.9          1.4         0.2 setosa
## 10          4.9         3.1          1.5         0.1 setosa
## # ... with 140 more rows
```

readr パッケージと同様、読み込んだオブジェクトは tibble 形式になる。なお、**haven** では SAS/SPSS/Stata 形式のファイル書き出しもサポートしているが、説明は意図的に割愛する。

また、**R.matlab** パッケージは MATLAB の MAT ファイルの読み書きをサポートしている。読み込みには readMat()、保存には writeMat() を使う。読み込んだ結果は、MAT ファイルに保存されたオブジェクトをすべて含む名前付きのリストとなる。

```
1  library(R.matlab)
2  path = system.file("mat-files", "ABC.mat", package="R.matlab")
3  readMat(path)
```

```
## List of 3
##  $ A: int [1:9, 1:3] 1 2 3 4 5 6 7 8 9 10 ...
##  $ B: int [1:10, 1] 1 2 3 4 5 6 7 8 9 10
##  $ C: int [1:2, 1:3, 1:3] 1 2 3 4 5 6 7 8 9 10 ...
##  - attr(*, "header")=List of 3
##   ..$ description: chr "MATLAB 5.0 MAT-file, Platform: windows, Software: R v2.15.0, Created on: Sat Mar 31 19:50:00 2012          "
##   ..$ version    : chr "5"
##   ..$ endian     : chr "little"
```

3.4.7 大量のファイルを読み込む

データソースは単一のファイルとは限らない。場合によっては大量のファイルを扱う必要がある。特に、同じ構造 (例えば列数が同じ表形式データ) のデータファイルが大量にある場合、データソースをすべて一つのフォルダにまとめて、そのフォルダ内のファイルをすべて読み込めば、手間も省けるし入力漏れも防げる。

例えば以下のようなファイルがあったとする。すべて、10 行 3 列の表形式データである。

```
## sandbox/src_data/4f8263d5-77d5-4844-81d6-2ba39ee1850a.tsv
## sandbox/src_data/76817d42-f4ad-42ed-987b-fc3e15f19b5f.tsv
## sandbox/src_data/acd98505-cd52-481c-91f5-eecc443b0bfb.tsv
## sandbox/src_data/b1755782-7fdd-4f20-8f61-0312297acf54.tsv
## sandbox/src_data/e3f23c1c-81be-4f1f-b157-bd18339b30ca.tsv
```

これを、縦方向に結合して 50 行 3 列の表形式データにして、データソースとして扱いたい。サーバログの処理などでは、このような状況も発生するだろう。もちろん cat などの外部コマンドを使ってもよいが、R でできるなら R でやってしまうのがよいだろう[17]。これは以下のような手順で行えばよい。

1. dir() でファイル一覧を得る。
2. for ループや apply() などで各ファイルを逐次処理する。
3. 逐次処理の中で、read.table() などでファイルを読み込み、rbind() で行結合する。

同じフォーマットの大量のデータファイルに対しては、read.table() に限らず、常に有効な方法である。

```
## イニシエノワザ

## ファイル一覧を取得
src_files = dir("sandbox/src_data", ".*tsv$", full.names = TRUE)

## 空のオブジェクトを作成（これをやらないとエラー）
src_data = c()

## for ループですべてのファイルを処理する
for (fn in src_files) {

  ## ファイルから読み込んで、data.frame を縦に結合する。
  src_data = rbind(src_data, read.table(fn, header = TRUE))
}

```

---

[17] R では処理に時間がかかりすぎるといった場合には外部コマンドの利用も検討しよう。

```
16  ## 読み込んだデータの形式を確認
17  str(src_data)
18  ## 'data.frame':    50 obs. of  3 variables:
19  ##  $ x: num  0.2647 -0.54 0.3344 0.0126 0.144 ...
20  ##  $ y: num  0.81 1.342 0.693 -0.323 -0.117 ...
21  ##  $ z: Factor w/ 10 levels "a","b","c","d",..: 3 1 9 10 5 2 8 7 6 4 ...
22
23  ## ゲンダイノマホウ
24  library(magrittr)
25  library(purrr)
26  library(dplyr)
27  library(readr)
28
29  ## 解説は他書に譲る
30  src_data =
31    dir("sandbox/src_data", ".*tsv$", full.names = TRUE) %>%
32    map(read_tsv) %>%
33    bind_rows()
34  str(src_data)
35  ## Classes 'tbl_df', 'tbl' and 'data.frame':   50 obs. of  3 variables:
36  ##  $ x: num  0.2647 -0.54 0.3344 0.0126 0.144 ...
37  ##  $ y: num  0.81 1.342 0.693 -0.323 -0.117 ...
38  ##  $ z: chr  "c" "a" "i" "j" ...
```

どちらの方法でも、dir() でファイルリストを取得して、すべてのファイルを read.table() で読み込み、その結果を rbind/bind_rows で行方向に結合しているが、「ゲンダイノマホウ」では **tidyverse** のパッケージ群を活用している。

3.5 解析結果の保存の自動化

データソースを手作業で読み込む場合と同じように、解析の結果を手作業で保存した場合にも、再現可能性は破綻する。例えば RStudio には、プロットタブにグラフを保存するダイアログがあるが (2.6.2 項)、再現可能性を保つためには、この機能は使うべきではない。また、コンソールへ出力された結果をコピペで別のファイルに貼り付けることなども避けた方がよい。

解析結果の保存も解析フローに組み込み、適切な保存コマンドを R スクリプトの中に記述しよう。

3.5.1 グラフを保存する

R ではラスタ画像やベクタ画像など、さまざまな形式の画像ファイルとしてグラフを保存できる。ラスタ画像とはいわゆる「絵」であり、ベクタ画像とは

3.5 解析結果の保存の自動化

簡単に言えば幾何学図形を数式により表現したものである。ベクタの場合は拡大縮小しても画像が粗くなることはない。一方で、描画要素が大量にあるとき、例えば100万個のドットを描画しているときなどは、ベクタの場合はファイルサイズが巨大になり、表示にも時間がかかることになる。ラスタとベクタはグラフの性質に応じて、上手に使い分けよう。

ラスタ画像に保存するには`bmp()`/`jpeg()`/`png()`/`tiff()`などを使う。これらの関数ではファイル名、画像の大きさ、背景色、解像度などを指定できる。次の例のように、これらの関数を呼び出した後、プロットコマンドを記述して、最後に`dev.off()`で画像がファイルとして出力される。グラフの出力先は例えば`figure`と名付けたフォルダにまとめるのがよいだろう。

```r
png("figure/simpleplot.png", width = 800, height = 800) # 出力先の指定
plot(1:10)
dev.off() # 忘れずに。
```

`plot()`などのベースグラフィックス系と**ggplot2**パッケージに代表されるグリッドグラフィックス系では、日本語フォントの指定の方法が異なる。

また、Mac OS X と Windows で日本語への対応が多少異なるので注意が必要である。Mac OS X で `png()` や `jpeg()` などでラスタ画像を出力する場合には、フォントファミリーの指定が必要である。指定方法は次のサンプルを参考にしてほしい。Windows の場合は、フォントファミリーを指定しなくても日本語が正しく表示される。

```r
# ベースグラフィックス系
png("figure/sf_inudo.png")
par(family="HiraKakuProN-W3") # Mac OSX の場合
curve(dnorm(x), -3, 3, ylab = "尤度")
dev.off()

# ggplot 系
jpeg("figure/sf_gg_inudo.jpg", width = 400, height = 300)
ggplot(data.frame(x = c(-3, 3)), aes(x)) +
  stat_function(fun = dnorm, geom = "line") +
  labs(y = "尤度 (いぬどと読まないように)") +
  theme_bw(base_family = "HiraKakuProN-W3") # Mac OSX の場合
dev.off()
```

ベクタ画像では、`pdf()`によりPDF形式、`postscript()`によりEPS/PS形式のベクタ画像を作成することができるが、日本語フォントの扱いが楽な`cairo_pdf()`を使う方がよいだろう。Windowsでは、`win.metafile()`でWindowsのメタファイルとして保存することもできる。

使い方はラスタ画像を保存する場合と変わらないが、日本語を使う場合にはフォントファミリーの指定が必要である。以下の例を参考にしてほしい。

```
# base graphics系
cairo_pdf("figure/sf_inudo.pdf", width = 4, height = 2.5)
par(family="HiraKakuProN-W3") # Mac OSX
# par(family="Meiryo") # Windows
curve(dnorm(x), -3, 3, ylab = "尤度")
dev.off()

# ggplot系
cairo_pdf("figure/sf_gg_inudo.pdf", width = 4, height = 2.5)
ggplot(data.frame(x = c(-3, 3)), aes(x)) +
  stat_function(fun = dnorm, geom = "line") +
  labs(y = "尤度 (いぬどと読まないように)") +
  theme_bw(base_family = "HiraKakuProN-W3") # Mac OSX
  # theme_bw(base_family = "MS Mincho") # Windows
dev.off()
```

なお、PDFの場合、大きさの単位は「インチ」である。800×600ピクセルくらいのつもりで指定すると、800×600インチの巨大なPDFファイルができあがるので注意しよう。これは約300平方メートル(おおよそ25メートルプールの大きさ)に匹敵する。

なお、グラフを保存する際にフォント名を指定したい場合は、環境や出力する画像の種類などで対応の方法が異なる。ウェブ上にも色々な情報があるが、自分の状況に応じてフォントを設定するのは難しいかもしれない。この方法の詳説は本書の範疇を超えるので、困ったときにはr-wakalangなどで聞いてみてほしい。

3.5.2 表形式のデータを保存する

データ解析では`data.frame`に代表される表形式データを使う機会が多い。表形式のデータを解析フローの出力として保存する場合には、汎用的なコンマ区切り (CSV)、タブ区切り (TSV) ファイル、人の目に見やすいHTMLファイル、データベースシステム、あるいは100歩譲ってExcelファイルが選択肢となる。

小規模のデータなら、CSV/TSV形式がおすすめである。表形式データを保存するには、`write.table()`系の関数を使えばよい。

```
write.table(iris, file = "iris-data.tsv", quote = FALSE, sep = "\t", row.names = FALSE)
```

このように、出力したいデータや出力ファイル名を指定すれば、表形式のテキストファイルを保存できる。また、**tidyverse**の**readr**パッケージにも`write_tsv()`、`write_csv()`などの関数が用意されている。

人の目で表形式データを眺めるには、HTML形式の出力が都合良いかもしれない。これにはいくつかの選択肢がある。**xtable**パッケージの`xtable()`や`knitr()`パッケージの`kable()`はシンプルなHTMLテーブルを出力できる。

3.5 解析結果の保存の自動化

```
1  # xtable による HTML 出力
2  print(xtable::xtable(mtcars), type = "html", file = "xtout.html")
3
4  # kable による HTML 出力
5  cat(knitr::kable(mtcars, format = "html"), file = "knout.html")
```

出力した表を人の目で探索したいような場合もあるかもしれない。この場合には、インタラクティブに検索、並び替えなどができるJavaScriptベースのHTMLで表出力するとよい。**DT**パッケージが役に立つだろう (5.5節)。

MySQLなどのデータベースシステムに結果を保存することも可能である。データベースへの保存については本書の範疇を超えているので解説は省略する。

なお、Windowsでこれらの表形式の保存関数を使って、日本語を含むデータを保存すると、デフォルトでは文字コードはShift JIS (CP932) となる。UTF-8で保存したい場合には、次の例のように明示的に文字コードを指定するか、`options(encoding = "utf8")` として、(RStudioではなく) R のグローバルオプションを変更する必要がある。

```
1  write.table(iris, file = "iris-data.tsv", quote = FALSE, sep = "\t", row.names = FALSE,
2      fileEncoding = "utf-8")
3  print(xtable::xtable(mtcars), type = "html", file = file("xtout.html", encoding = "utf-8"))
4  cat(knitr::kable(mtcars, format = "html"), file = file("knout.html", encoding = "utf-8"))
```

3.5.3 出力結果をテキスト保存する

表形式ではない任意の出力をテキストファイルとして保存したいこともあるかもしれない。このような場合には、RスクリプトではなくRマークダウン(第4章) を使うことを考えた方がよい。

どうしてもRスクリプトを使う場合には、最も簡単なのは `sink()` によるログ保存である。`sink(ファイル名)` とすれば、以降のコマンドの出力がそのファイルに保存される。再び `sink()` とすることで、出力を終了できる。

```
1  sink("sinkout.txt")
2  t.test(1:10)
3  sink()
```

sinkout.txt の内容は次のようになる。

```
    One Sample t-test

data:  1:10
t = 5.7446, df = 9, p-value = 0.0002782
alternative hypothesis: true mean is not equal to 0
```

```
95 percent confidence interval:
 3.334149 7.665851
sample estimates:
mean of x
     5.5
```

関数の出力結果などをテキストで保存したい場合には capture.output() を使うこともできる。capture.output() の引数には任意の R のコマンドを渡すことができる。capture.output() はそのコマンドの実行結果を文字列として受け取るので、それを cat() などでテキストファイルに保存すればよい。

```
1  out = capture.output(t.test(1:10))
2  cat(out, file = "capout.txt", sep = "\n")
```

capout.txt の内容は上の sinkout.txt と同じものになる。

なお、windows でこれらの関数を使って、日本語を含むデータを保存すると、デフォルトでは文字コードは Shift JIS (CP932) となる。UTF-8 で保存したい場合には、次の例のように明示的に文字コードを指定するか、options(encoding = "utf8") として、(RStudio ではなく)R のグローバルオプションを変更する必要がある。

```
1  sink(file("sinkout.txt", encoding = "utf-8"))
```

```
1  cat(out, file = file("capout.txt", encoding = "utf-8"), sep = "\n")
```

3.5.4 broom パッケージによる解析結果の整理

上述のように統計解析の関数の結果は、人の目にはわかりやすいが、表形式になっていないため機械的に扱いづらい場合もある。このようなときは、**broom** パッケージの tidy() を使うとよい。さまざまな統計関数の出力を表形式に変換してくれる。

```
1  broom::tidy(t.test(1:10))[,1:5]
```

```
##    estimate statistic    p.value parameter conf.low
## 1       5.5  5.744563 0.000278196         9 3.334149
```

これを表形式データとして保存しておけば、結果に対してメタ解析を行いたい場合や、大量の統計解析の結果を一覧したいときなど最高に便利である。

例えば、次の例では iris の Species の各水準に対して t.test を実行して結果を表にまとめている。

```
1  library(broom)
2  ret = data.frame()
3  for (s in levels(iris$Species)) {
4    d = subset(iris, Species == s)
5    ret = rbind(ret, data.frame(s, tidy(t.test(d[,1:2]))))
6  }
7  ret
```

```
##            s estimate statistic      p.value parameter conf.low conf.high
## 1     setosa    4.217  48.32701 1.170885e-70        99 4.043858  4.390142
## 2 versicolor    4.353  26.43377 1.182721e-46        99 4.026248  4.679752
## 3  virginica    4.781  25.37549 4.035123e-45        99 4.407153  5.154847
##             method alternative
## 1 One Sample t-test   two.sided
## 2 One Sample t-test   two.sided
## 3 One Sample t-test   two.sided
```

3.5.5　Rオブジェクトを保存する

　レポートなどの文書に結果を貼り付ける、人の目で結果を確認する、といったことが目的なら、テキストベースのファイルに結果を保存した方がよい。一方、出力を別のRスクリプトで読み込むことが想定されている場合は、Rオブジェクトとして結果を保存するべきである。特にテキストベースの出力の場合、再読込時に数値(小数)の丸め誤差により、計算上の誤差が生じることがある。

　Rオブジェクトを保存するにはsave()を使う。複数のオブジェクトを一つのファイルに保存することもできる。拡張子はRdaとしておくとよいだろう。

```
1  rts = letters[sample(10)]
2  rtl = LETTERS[sample(10)]
3
4  ## 二つのオブジェクトを保存する
5  save(rts, rtl, file = "ret.Rda")
6
7  ## オブジェクト名をパターン指定することも可能
8  save(list = paste0(rt, c("s", "l")), file = "ret.Rda")
```

　保存したファイルはload()で読み込むことができる。

```
1  rm("rts", "rtl") # オブジェクトを削除
2  rtl # ないのでエラーとなる
```

```
## Error in eval(expr, envir, enclos): オブジェクト 'rtl' がありません
```

```r
load("ret.Rda") # 読み込む
rt1 # 今度はある :)
```

```
## [1] "E" "G" "H" "B" "C" "J" "D" "A" "F" "I"
```

Chapter 4

RStudioによる再現可能なレポート作成

4.1 再現可能なレポートづくりを目指そう

前章ではデータ解析の再現可能性を高める方法を紹介した。しかし、データ解析の最終的な目的は、データ解析の結果をレポートやプレゼンにまとめて、他人(または将来の自分)に伝えることである。どんなに優れた解析でも、その結果が正しく人に伝わらなければ、価値はない。

第1章でも説明したように、レポートの作成には手間がかかる作業が多く、手作業によるミスが発生しやすい。しかし現在では、Rマークダウンを導入することで、再現可能なフローにレポートの作成まで含めることができる。さらにRStudioでは、Rマークダウンによるレポート作成のために便利な機能が数多く提供されている。本章では、RStudioとRマークダウンを使った再現可能なレポートの作成を習得しよう。

4.1.1 どこまでやるか

レポートの作成は、大きく分ければ再現可能な方式と再現可能ではない方式の二つに分けることができる。再現可能ではない方式とは、例えばワープロソフトやプレゼンソフトで文書や説明を記述して、データ解析の結果やグラフをペタペタと貼り付けるようなものを指す。再現可能性は破綻しているが、楽といえば楽である。

いつでもどこでも完全に再現可能なレポートづくりを目指すのが辛い場合は、再現可能ではない方式の採用もありえるだろう。実際に筆者自身、学術論文の執筆には今のところRマークダウンは使っていない(文献管理ソフトとの連携が大きな理由である)。

再現可能な方式を採用するかどうかは、以下の点を考慮するとよいだろう。

- 解析結果とそれ以外のドキュメントの比。ドキュメントが大量で解析結果が少しの場合で、かつ使い慣れたワープロソフトがある場合は、文書作成

の効率を重視してもよいだろう。しかし、実際にはRマークダウンで論文を書くことも大いに可能である。
- 解析結果がどの程度の頻度で更新されるか。形式が同じレポートで、解析結果の部分だけが頻繁に差し替えられるような場合には、Rマークダウンを使った方が圧倒的に効率がよい。
- レポートやプレゼンのデザインに関して、どの程度細かく調整する必要があるか。もし素晴らしく美しく洗練されたデザインのレポートやプレゼンを作成したいなら、専用のソフトで作ったレポートやプレゼンに解析フローの結果をペタペタ貼り付ける方式を採用してもよいだろう。しかし、作業効率を犠牲にしてまで本当にデザインに凝る必要があるかどうかは慎重に考えよう。
- 他のアプリケーションとの連携 (例えば文献管理ソフトなど)。論文などを書くにあたり、文献管理ソフトとの連携は欠かせない。なお、Rマークダウンも **BibTeX** など何種類かの文献形式に対応している。また文献リストのフォーマットも選択できる (5.6節)。

4.2 Rマークダウンによるレポート生成：最初の一歩

今までRマークダウンに触れたことがない場合は、まずは以下に紹介する手順をそのまま実行してみてほしい。どんなに複雑な解析とレポートでも、基本はこの手順で進めることになる。

1. Rマークダウンファイル (.Rmd) の新規作成。
2. メタ情報の編集。
3. ドキュメントとコードの編集。
4. レポート生成コマンドの実行。

実際には2から4までを繰り返しながらレポートを完成させていく。3では、コンソールでアドホックにコードを実行することも多い。この場合は第3章の内容も参考にしてほしい。

4.2.1 Rマークダウンファイルの新規作成

まずはプロジェクトを作成しよう (3.3.2項)。面倒でも、騙されたと思って今すぐにプロジェクトを作成しよう。

プロジェクトを作成したら、Rマークダウンファイルを作成しよう。ツールバーの新規作成アイコンをクリックして、**[R Markdown...]** を選択する (図4.1)。

4.2 Rマークダウンによるレポート生成：最初の一歩

図 4.1　R マークダウンの新規作成

すると、レポートの種類やメタ情報を編集するダイアログが現れる (図 4.2)。この内容は後でいつでも編集可能なので、深く考えずに適当にやればよい。

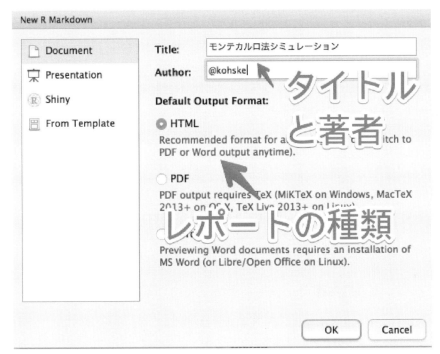

図 4.2　R マークダウンの新規作成

通常のレポートなら、左のアイコンから [Document] を選ぶ。[Title] にはレポートのタイトル、[Author] には著者名を記入する (しなくてもよい)。[Default Output Format] はどのようなファイル形式のレポートを作成するか選べる。HTML、PDF、Word (.docx) があるが、ここでは HTML を選んで、[OK] をクリックしよう[1]。

エディタタブに英語が書かれた R マークダウンファイルが表示される (図 4.3)。

R マークダウンの世界へようこそ。

あとは、このファイルを編集していけばよい。とりあえず、テンプレートファイルをそのまま使ってレポートを生成してみよう。エディタタブのツールバーにある [Knit] アイコンをクリックする。まだファイルが保存されていない

---

[1] 初めて使うときは必要なパッケージのインストールについて許可を求めるダイアログが出てくるかもしれない。その場合は、インストールを許可しよう。

場合は、ファイル保存ダイアログが現れる[2]ので、適当なファイル名をつけて保存すればよい(拡張子は*.Rmdとする)。

なにやら処理が始まって、プレビュー画面にレポートの内容が表示されたはずだ(右下のパネルのビューアタブでプレビューするように設定することもできる[3])。

ところで、レポートの生成になぜ [Knit] という名前がついているのか疑問に思う読者もいるかもしれない。ここで、Rマークダウンのレポート生成の内部処理を説明しておこう。興味のない読者は読み飛ばしてもらって構わない。

RStudioのRマークダウンの処理は **rmarkdown** パッケージが担っている。**rmarkdown** パッケージでレポートを生成する際に、まずRマークダウンファイル(*.Rmd)がマークダウンファイル(*.md)に変換されて、そのマークダウンファイルからHTMLファイルやPDFファイルが生成される。マークダウンファイルからHTMLファイルやPDFファイルの生成はpandocというドキュメント変換ツールが行う。一方、Rマークダウンからマークダウンファイルへの変換を行っているのが、**knitr** パッケージである。

つまりレポート生成処理は *.Rmd -> (knitr) -> *.md -> (pandoc) -> output という流れである。

歴史的には、まずRStudioとは無関係に **knitr** パッケージが開発された。その後、**knitr** パッケージに依存した **rmarkdown** パッケージが開発された。このため、レポート生成処理に対して、今でも [Knit] という呼び方が使われている。

4.2.2 Rマークダウンファイルの内容

Rマークダウンのテンプレートファイル(図4.3)を見るとわかるように、Rマークダウンファイルは以下の三つの要素で構成されている。

1. メタ情報。ファイル先頭の二つの---の間の領域のことで、ここにはレポートのメタ情報を記述する。
2. コードチャンク[4]。'''{r ...}と'''で囲まれた部分[5]で、ここにはコードを記述する。
3. ドキュメントチャンク。メタ情報とコードチャンク以外の領域で、マークダウン形式の文書を記述する。

レポートを作成する際は、## R Markdown と書かれた行以降のごちゃごちゃ

---

[2] プロジェクト機能を使っているなら、保存先フォルダはプロジェクトのフォルダになっているはずだ。ファイルをどこに保存しようか悩む必要もないし、再びファイルを開くときにどこに保存したか忘れる心配もない。このように、人間が間違いやすい、混乱しやすい、悩みやすい、忘れやすい点をサポートしてくれるというのがプロジェクト機能を使う利点の一つである。
[3] エディタタブのツールバーの歯車アイコンから [Preview in Viewer Pane] を選択する。
[4] チャンクとは「ひとまとまり」という意味である。
[5] 'はバッククォート。日本語キーボードでは Shift +@。

4.2 Rマークダウンによるレポート生成：最初の一歩

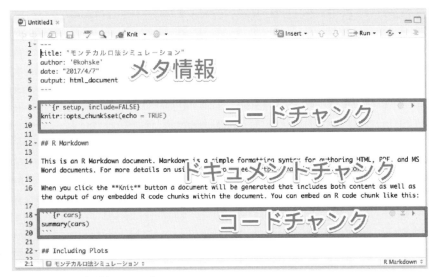

図 4.3 Rマークダウンファイル

書かれた英語はすべて削除してしまってよい。

メタ情報は YAML[6] という形式で記述する。

メタ情報にはレポートのタイトル (title)、著者名 (author)、日付 (date) などのほか、どのような形式のレポートを生成するか (output)、レポート生成のオプションなど、細かく指定できる。有効なメタ情報はレポートの種類によって異なるので、5.1 節も参考にしてほしい。

今のところ、メタ情報は初期設定のままでよいだろう。

さて、いよいよレポート本体の記述である。ドキュメントチャンクにはマークダウンと呼ばれる軽量マークアップ言語で文書を記述する (付録 A)。見出しやリスト、表、リンク、数式など、多彩な表現を使うことができる。最初のうちは、普通に文章を書いていけばよいだろう。

コードチャンクには R のコードを記述する。すでに R スクリプトに慣れていれば、特別なことは考えなくてもよい。R スクリプトを細かくコードチャンクに分けて、文書の中に埋め込んでいくイメージである。そのコードを実行した結果が、レポートの中の、コードチャンクが記述されている場所に出力される。

コードを表示するか、結果の出力の方法をどうするか、などコードチャンクの動作は細かくカスタマイズできるが、これは後述する。

ではここで、編集済みの R マークダウンの一例を見てみよう。

```
---
title: "モンテカルロ法シミュレーション"
author: "@kohske"
date: "`r Sys.time()`"
output:
  html_document: default
---
```

---

[6] YAML は YAML Ain't Markup Language の略。

````
```{r setup, include=FALSE}
library(knitr)
opts_chunk$set(echo = FALSE)
set.seed(42)
```

## モンテカルロ法とは

モンテカルロ法とは、「とりあえずやってみよう」の魂で・・・。

- ランダムに何かやる
- そこから何か読み取る

## 円周率のシミュレーション

長さ1×1の正方形の中にランダムに卵を落とすことを考えよう。ここでは1000個落としてみる。
このとき、正方形の左下の頂点から卵までの距離が1以下なら、卵は半径1の円（90度の扇形）の中に
落ちたことになる。いくつの点が落ちたか数えてみよう。これを、点の総数で割って4を掛けると
円周率を近似できる。

```{r, echo = TRUE}
N = 1000; tx = runif(N); ty = runif(N)
inP = sqrt(tx^2+ty^2) <= 1
(p_in = 4*sum(inP)/N)
```

だいぶいい感じだ。
この様子を可視化しておこう。

```{r plot-simulation, fig.height=3, fig.width=3, fig.keep=3}
library(grid)
grid.rect()
grid.circle(0, 0, 1, gp = gpar(fill = NA))
grid.points(tx, ty, default.units = "npc", size=unit(1, "points"),
  gp = gpar(col=ifelse(inP, "red", "black")))
```

## 解説

なぜこうなるのだろうか。

上図中、正方形の面積は1、扇形の面積は$\pi / 4$であり、これがつまり卵が円の中に落ちる確率
$p_{in}$である。
逆に、観察された確率$p_{in}$から$\pi$を推定するには、$\pi = p_{in} \times 4$となる。
````

内容はこの見本とは違っても構わないので、自分で適当にドキュメントと
コードチャンクを書いてみよう。

編集が終わったら、Rマークダウンファイルからレポートを生成してみよ

う。エディタタブで開いているRマークダウンファイルからレポートを生成するには、ツールバーの**[Knit]**アイコンをクリックする。

左下のパネルのコンソールタブの横に**[R Markdown]**というタブが出現するはずだ。ここにはレポート生成処理のログが表示されるので、レポート生成がうまくいかないときに参考にするとよいだろう[7]。

うまくいけば、プレビューウィンドウ(設定によっては右下のパネルのビューアタブ)にレポートが表示される。

できあがったHTMLレポートはこんな感じだ(図4.4)。

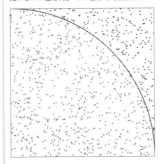

図 4.4 生成されたレポートをブラウザで表示

グッジョブ。

なお、Mac OS Xの場合、日本語が入ったグラフをレポートに表示するには、3.5.1項で説明したように、フォントファミリーを指定する必要がある。

---

[7] 内容が理解できなければ、Errorと出ている付近をコピペしてQAサイトなどで質問するとよい。

4.3 コードの記述と動作の制御

上述の通り、Rマークダウンはコード、ドキュメント、メタ情報で構成されていて、Rのコードはコードチャンクに記述する。コードチャンクの内容は、レポート生成時にRにより評価され、その結果がレポートの該当部分に出力される。コードチャンクの書式は次のとおりだ。

```
 ```{r チャンクラベル, オプション1=値1, オプション2=値2, ...}
 ## この中に自由にRのコードを記述する
 summary(iris)
 plot(iris)
 ```
```

```{r ...}という行から```という行までの3連続バッククォートで囲まれた領域がコードチャンクとなる。コードチャンクの先頭行(```{rで始まる行)はチャンクヘッダと呼ばれ、チャンクラベルとチャンクオプションを指定できる。

コードチャンクはRマークダウンファイルの中にいくつ記述してもよい。また、コードチャンクで作成したオブジェクトは、同じRマークダウンファイル内の、そのコードチャンクよりも後のコードチャンクで使うことができる[8]。

4.3.1 チャンクラベル

チャンクラベルは、コードチャンクで生成されるグラフやキャッシュ[9]のファイル名、相互参照[10]用のラベルなど、さまざまな用途に使われる。

また RStudio のエディタには任意のコードチャンクにジャンプする機能があるので、この機能を使うためにわかりやすいチャンクラベルを付けておくとよい。

チャンクラベルに日本語を使えないわけではないが、アルファベットで記述しておく方が安全かもしれない。日本語を使う場合は、予期せぬ誤動作や不具合が起きる可能性がないわけではないことを肝に命じておこう。チャンクラベルを省略した場合は、unnamed-chunk-* という形式で番号付けされたラベルが自動的に付与される。

---

[8] 逆に、そのコードチャンクよりも前のコードチャンクで使う必要がある場合は 6.6 節を参考にしてほしい。

[9] レポート生成の処理にかかる時間を短縮するために、Rマークダウンにはキャッシュ機能がある。キャッシュ機能を使うと、変更がないコードチャンクについては以前の実行結果が再利用される。

[10] ドキュメント中に挿入する表や図を自動的にナンバリングし、その番号を本文で参照できるようにする仕組み。
```

4.3.2 チャンクオプション

チャンクオプションでは、それぞれのコードチャンクの動作やレポートに出力する内容などを細かく調整できる。チャンクオプションの種類や機能は付録Bを参照してほしい。

同じチャンクオプションをドキュメント内のチャンクで繰り返し使うのであれば、それぞれのコードチャンクで逐一チャンクオプションを指定するのではなく、ドキュメントの最初で knitr::opts_chunk$set() を呼び出して一括して指定する方がよい。書式は次のとおりである。

```
1  knitr::opts_chunk$set(オプション1=値1, オプション2=値2, ...)
```

例えばチャンクオプション echo を FALSE にしたければ、次のようにする。

```
1  knitr::opts_chunk$set(echo=FALSE)
```

オプションと値の組は何個でも設定することができるし、knitr::opts_chunk$set() を複数回呼び出してもよい。

knitr::opts_chunk$set() で設定したチャンクオプションの内容は、それ以降のコードチャンクに対して適用される。したがって、レポートの途中から既定のチャンクオプションを変更することも可能である。

また、チャンクヘッダでチャンクオプションを指定している場合は、チャンクヘッダの内容が優先される。既定のチャンクオプションを knitr::opts_chunk$set() で指定しておいて、特別なオプション指定が必要なコードチャンクに対してはチャンクヘッダでオプションを指定するとよいだろう。

4.3.3 セットアップチャンク

レポートの最初に、セットアップチャンクと呼ばれるコードチャンクを記述して、knitr::opts_chunk$set() によるチャンクオプションの一括指定などを行うのが定石である。通常、セットアップチャンクの内容や出力はレポートに表示する必要はないので、チャンクオプション include=FALSE を指定しておこう。

なお、レポート生成の動作を制御するためのセットアップチャンクと、解析コードの内容を初期化するためのコードチャンクは分けた方がよいだろう。解析コードの初期化は場合によってはレポートに表示する必要がある。

以下の例では、setup というチャンクラベルのコードチャンクで、既定のチャンクオプションの設定 (knitr::opts_chunk$set()) を行っている。続いて initialize というコードチャンクでは、解析に用いるパッケージの読み込み、乱数シードの初期化、出力フォルダの指定などを行っている。

```
 1  ```{r setup, include=FALSE}
 2  # 既定のチャンクオプションに関するセットアップ
 3  knitr::opts_chunk$set(fig.width=12, fig.height=8, warning=FALSE)
 4  ```
 5
 6  ```{r initialize, include=FALSE}
 7  # 解析処理に関するセットアップ、パッケージの読み込みなど
 8  library(tidyverse)
 9  set.seed(42)
10  input.dir = "input"
11  output.dir = "output"
12  ```
```

4.3.4　使えるチャンクオプション

ここではよく使う重要なチャンクオプションを紹介しておこう。ここで紹介する以外にもレポートの作成に役立つチャンクオプションが多くある。詳細は付録Bや、『ドキュメント・プレゼンテーション生成』も参考にしてほしい。

include

include = FALSE とすることで、コードや実行結果などをレポートに出力することなしに、そのコードチャンクの評価を行うことができる。セットアップチャンクやパッケージの読み込み、あるいはレポートに出力する必要のない初期化コードなど、include = FALSE が有効なコードチャンクは多い。処理する必要はあるがレポートに出力する必要のないコードチャンクは、include = FALSE としてしまうのがよいだろう。

なお、include = FALSE を指定するとメッセージや警告も表示されないので、意図しない動作をしていても気づかない。メッセージや警告が気になる場合には、レポートが完成するまでは include = TRUE としておいて、完成版 (他人に見せるもの) では include = FALSE と指定するとよいだろう。

メッセージや警告だけを表示したい場合は、results = "hide", echo = FALSE という指定によってコードや実行結果の出力を抑制できる。

echo

デフォルトでは、コードチャンクの実行結果だけでなくコードもレポートに出力される。実際にどのようなデータ解析を行ったのかをレポートで説明したい場合には、コードも出力する方がよいだろう。しかし、結果のみを載せたいようなレポートでは、コードはレポートを読む際に邪魔になる。このような場合は、echo = FALSE とすることで、コードチャンクのコード自体のレポート出力を抑制することができる。

out.width, out.height, fig.width, fig.height

　コードチャンクにグラフを出力するコードがある場合、そのグラフは自動的にレポートに出力される。保存して貼り付け、という手作業は必要ない。レポートに出力されるグラフの大きさを指定するには、チャンクオプション out.width と out.height を用いる。HTML レポートならピクセルで (例えば out.width = 800 なら幅 800 ピクセル)、PDF なら LaTeX の大きさ単位で (例えば out.width = ".8\\linewidth" など) 指定する。

　レポート作成の過程で、コードチャンクのグラフは一度画像ファイルとして暗黙のうちに保存される。このときの画像の大きさは fig.width と fig.height によりインチ単位で指定する。例えば HTML レポート (デフォルトでは画像ファイルを PNG で生成) で、fig.width = 4, dpi = 150 と指定されていれば、画像ファイルの幅は 600 ピクセルとなる。dpi はインチあたりのドット数である。

　out.width の方が fig.width で指定した大きさよりも大きければ、画像は拡大されてレポートに出力される。この場合、レポートの画像が粗くなる。逆に out.width の方が fig.width で指定した大きさよりも小さければ、画像は縮小されてレポートに出力される。この場合、レポートの画像はクリアになるが、レポートのファイルサイズは大きくなる。

cache

　データサイズが大きい、繰り返しが多いなどの理由で、コードチャンクのコードを実行するのに時間がかかる場合もあるだろう。R マークダウンの編集中は、コードチャンクを記述、修正して、試しにレポートを作成して、ということを繰り返す必要がある。この際に、時間がかかるコードチャンクの処理を毎回行っていては効率が悪い。

　このような状況に対応すべく、R マークダウンにはキャッシュという機能がある。cache = TRUE とすると、そのコードチャンクの実行結果はキャッシュファイルに保存される。そして、コードチャンクの内容が変更されない限りは、実行結果はそのキャッシュファイルから読み込まれる。つまり、R マークダウンでレポートを作成しても、時間がかかるコードチャンクの処理をスキップすることができるわけである。

　キャッシュが有効なコードチャンクで作成したオブジェクトをその後のコードチャンクで使う場合もある。このような場合にも心配はいらない。キャッシュにより処理がスキップされても、そのコードチャンクで作成されるオブジェクトはキャッシュファイルから読み込まれるので、基本的には、そのコードチャンクのコードを実行したとみなしてよい。

　また、キャッシュを有効にしたいコードチャンク (チャンク A とする) の中で、そのコードよりも前のコードチャンク (チャンク B とする) で作成したオブジェクトを使う場合もある。この場合、チャンク A のコードに変更がな

くても、チャンクBのコードに変更があれば、チャンクAのコードを再度評価する必要がある。このようにコードチャンクの間に依存関係がある場合には、dependson というチャンクオプションを使って、依存するコードチャンクを指定することができる。具体的には、チャンクAのチャンクオプションで dependson = "label-of-chunkB" のように指定すればよい。

　キャッシュを使えば、Rマークダウンの編集に要する時間を劇的に減らすことができる場合もある。しかし、キャッシュは複雑な仕組みなので、レポートの最終版を作成する際は、キャッシュを削除して一から作成した方がよい。これには **[Knit]** アイコン右の三角ボタンから **[Clear Knitr Cache]** とするか、cache フォルダを削除すればよい。

message, warning

　コードを評価した際に、メッセージや警告が出る場合もある。解析コードを編集している際はこれらのメッセージや警告が役立つことも多いが、最終的なレポートには含めたくない場合もあるだろう。この場合には、message = FALSE, warning = FALSE として、メッセージや警告の出力を抑制できる。

　メッセージや警告だけでなく、コードや出力も表示する必要がないなら、include = FALSE を指定すればよい。

4.4　ドキュメントの記述

　Rマークダウンのドキュメント部分はマークダウンと呼ばれる軽量マークアップ言語で文書を記述する。マークダウンを使うと、人間の目に読みやすく、かつ構造化された文書を記述できる。

　マークダウン記法は付録Aに示したので、困ったときは参考にしてほしい。また、英語ではあるが、RStudio でもマークダウンのリファレンスを参照できる。メニューから **[Help]-[Markdown Quick Reference]** とすれば、ヘルプタブに書式とサンプルが表示されるので、活用してほしい。

4.4.1　インラインコード

　「1から100までの総和は5050です。」というように、Rコードを実行した結果が混ざったドキュメントを記述したいときもある。

　このような場合は、

```
テキスト`r hoge`テキスト
```

という書式を用いると、hoge 部分のコードを評価した結果に置き換えることができる。例えば

```
1 から 100 までの総和は `r sum(1:100)` です。
```

というドキュメントはレポートに

1 から 100 までの総和は 5050 です。

と出力される。ワンダフル。

もちろん、該当するドキュメントよりも前にあるコードチャンクで作成したオブジェクトを参照することもできる。

```
```{r}
a=100; b=1000
```
```

というようなコードチャンクよりも後ろのドキュメントチャンクで

```
ところで、`r a` から `r b` までの総和は `r sum(a:b)` です。
```

とすれば、

ところで、100 から 1000 までの総和は 495550 です。

と出力される。ワンダフルワンダフル。

4.4.2 画像の挿入

マークダウンで画像を挿入するには、

```
![代替テキスト](http://example.com/logo.png)
![代替テキスト](figures/img.png)
```

という記法を用いるが、画像の大きさの調整などには対応していない。

ドキュメント中の画像を細かく調整したい場合には、以下のようにコードチャンクを記述して画像を出力するとよい。

```
```{r fig-hoge, fig.cap='ほげほげの画像', echo=FALSE, out.width="200px"}
knitr::include_graphics("figures/hoge.png")
```
```

この方式で画像を挿入すれば、チャンクラベル (上の例では fig-hoge) により相互参照も利用できる。

4.5 YAMLヘッダによるレポートのメタデータ設定

Rマークダウンの先頭にはYAML形式でメタ情報を次のように記述する。

```
---
title: "モンテカルロ法シミュレーション"
author: "@kohske"
date: "2017/4/1"
abstract: "このレポートではモンテカルロ法・・・(略)"
output:
  html_document:
    toc: FALSE
    dev: "png"
pandoc_args: ["--title-prefix", "Foo"]
---
```

titleやauthorなど、:(コロン)までは「フィールド」で、:の右はそのフィールドの値である。インデントで階層構造も表現することができる。インデントには半角スペース2個を使う。なお、RStudioバージョン1.1では行末を:にして改行すると自動的にインデントされる。上の例では、tocとdevは`html_document`の子要素で、`html_document`は`output`の子要素である。

[item1, item2, ...] という形式で複数要素のリストを表現することもできる。上の例では、`pandoc_args`の値は"--title-prefix"と"Foo"を要素とするリストである。

メタ情報がレポートにどのように反映されるかは、出力形式や使用するテンプレートにより異なるが、どの形式のレポートを生成するにしても、title、author、dateは記載しておいた方がよいだろう。

なお、メタ情報にはインラインRコード(4.4.1項)を記述することもできる。例えば、日付(date:)を常にレポート生成処理を行った日時に設定したい場合は、

```
date: "`r Sys.time()`"
```

とすればよい。なお、上の例の場合、引用符が必須である。

4.5.1 レポート形式の指定

YAMLヘッダのoutput:では出力するレポートの形式を指定できる。HTMLレポートの場合は`html_document`とすればよい。エディタタブの**[Knit]**アイコンの横にある三角ボタンを押すとレポート形式を変更できるが、この場

合、YAMLヘッダの情報が自動的に変更される。以下のように記述すれば、`output:` の中でレポート形式を複数記述することもできる。

```
1  output:
2    html_document: default
3    pdf_document: default
```

[Knit] アイコンでレポートを出力する際は、先頭に記述されたレポート形式が生成される。

4.5.2 出力オプションの指定

YAMLヘッダでは、レポートのメタデータに加えて、`output:` の中でレポート生成に関する情報を指定することもできる。先程の例では `output:` の要素が `html_document` となっている。これは、HTMLレポートを生成するように指定している。また、`html_document` の子要素で、目次 (TOC) を出力しないこと (`toc: FALSE`) とグラフに PNG 画像を用いること (`dev: "png"`) を指定している。

指定できるオプションの種類はレポートの形式により異なる。以下に HTML、PDF、Word レポートの代表的なオプションをまとめている。ほとんどの場合はここに掲載したもので十分だろう。他のレポート形式のオプションについては RStudio が提供している R マークダウンチートシート[11]も参考にしてほしい。

オプション名	内容	HTML	PDF	Word
citation_package	引用文献を処理するための LaTeX パッケージ。`natbib`、`biblatex`、`none` など。		○	
code_folding	R コードの折りたたみ。`none`、`hide`、`show` のいずれか。	○		
css	レポートで使う CSS ファイル名。	○		
dev	グラフ画像を保存するためのデバイス (`png` など)。	○	○	
fig_caption	グラフのキャプションも表示するかどうか。	○	○	○
fig_height	グラフ画像の高さのデフォルト値 (インチ)。	○	○	○
fig_width	グラフ画像の幅のデフォルト値 (インチ)。	○	○	○
highlight	コードハイライトの種類。`tango`、`pygments`、`kate`、`zenburn`、`textmate` など。	○	○	○
includes	ドキュメントに挿入するファイル。`in_header:`、`before_body:`、`after_body:` の各子要素にファイル名を指定する。	○	○	

---

[11] 日本語版は https://www.rstudio.com/wp-content/uploads/2016/11/Rmarkdown-cheatsheet-2.0_ja.pdf

オプション名	内容	HTML	PDF	Word
keep_md	レポート生成処理で出力したマークダウンファイル (.md) を残す。	○		○
keep_tex	レポート生成処理で出力した LaTeX ファイル (.tex) を残す。		○	
latex_engine	LaTeX 処理のエンジン。pdflatex、xelatex、lualatex など。		○	
lib_dir	利用するライブラリ (Bootstrap や MathJax など) があるフォルダ。	○		
mathjax	MathJax ライブラリのアドレス。ローカルのファイル名でもウェブ上の URL でもよい。	○		
md_extensions	R マークダウンを処理する際のマークダウン拡張。	○	○	○
number_sections	TRUE なら章の見出しに番号を付ける。	○	○	
pandoc_args	Pandoc に渡すオプション。	○	○	○
reference_docx	docx 形式を生成する際に使うための、スタイルを設定したテンプレートファイル。			○
self_contained	TRUE ならレポートにライブラリなどを埋め込む。	○		
smart	スマートパンクチュエーションを行う。	○		
template	レポート生成に用いる Pandoc のテンプレートファイル。	○	○	
theme	Bootswatch または Beamer のテーマ。	○		
toc	TRUE なら目次を自動的に作成する。	○	○	○
toc_depth	目次に加える見出しレベル。	○	○	○
toc_float	TRUE ならフロートタイプの目次を使う。	○		

4.6 レポート生成の実行

R マークダウンファイルからレポートを生成する方法はいくつかある。すでに説明したように、RStudio のレポート生成機能を使うのが最も簡単だろう。エディタタブのツールバーの **[Knit]** アイコンをクリックすればよい。

コンソールで **rmarkdown** の render() を実行することでレポートを生成することもできる。この方法のメリットは、R マークダウンファイルを変更することなく、レポートの形式やレポート生成時のオプションを指定できることである (render() 内のオプション指定の方が YAML ヘッダでの指定よりも優先される)。

render() の定義は次のとおりである。

4.6 レポート生成の実行

```
render(input, output_format = NULL, output_file = NULL, output_dir = NULL,
       output_options = NULL, intermediates_dir = NULL,
       knit_root_dir = NULL,
       runtime = c("auto", "static", "shiny", "shiny_prerendered"),
       clean = TRUE, params = NULL, knit_meta = NULL, envir = parent.frame(),
       run_pandoc = TRUE, quiet = FALSE, encoding = getOption("encoding"))
```

オプション名	内容
input	Rマークダウンファイル名
output_format	生成するレポートの形式
output_file	レポートの出力ファイル名
output_dir	レポートを出力するフォルダ
output_options	レポート生成のためのオプション
clean	レポート生成処理で作られる一時ファイルの削除
params	パラメータ付きレポートでのパラメータ指定
quiet	変換処理のログ表示
encoding	Rマークダウンファイルのエンコーディング(文字コード)

output_formatの引数について補足しておこう。"all"ならYAMLメタ情報のoutput:で指定されたすべてのレポート形式を生成する。NULLならYAMLメタ情報のoutput:で最初に指定されたレポート形式を生成する。レポート形式の名前("html_document"など)をrender関数の中で指定することもできる。レポートの名前はベクトルで複数指定することもできる。html_document()関数などでレポート形式を指定するためのオブジェクトを作成して指定することもできる。

YAMLヘッダでレポート生成のオプションを指定すれば、再現可能性は保たれている。しかしどうしてもrender()でオプションを指定したい場合、コンソールから(手で)render()のオプションを指定しながらレポートを生成できる。ただ、この時点で、再現可能性が破綻していることに注意しよう。前日に指定したオプションを、今日も再現できるとは限らないからである。

このような場合は、render()をオプション付きで呼び出すRスクリプトを作成して、人の手を動かさずにバッチ処理を行うべきである。例えば次のようなレポート生成処理のためのRスクリプトを準備して、これを実行しよう。

```
## レポート生成用スクリプト
## レポートを生成する際は必ずこのスクリプトを実行すること。
library(rmarkdown)
date = Sys.Date() # 日付
render("input.Rmd",
       output_file = sprintf("log-report-%s.html", date),
       output_format = "html_document")
```

このスクリプトにより、input.RmdというRマークダウンファイルから、ファイル名に日付を含むレポートが生成される。

4.6.1 knitrパッケージオプション

普通に使っている分には気にしなくてもよいが、**knitr**のパッケージオプションで、render()によるレポート生成の細かい制御を行うことができる。例えば、

```
knitr::opts_knit$set(progress = FALSE)
```

とすれば、レポート生成処理中の進捗状況が表示されなくなる。**knitr**パッケージオプションの一覧は付録Bに示したので、必要なら参考にしてほしい。

なお、パッケージオプションはRマークダウンファイルに記述するのではなく、レポート生成処理を実行する前にコンソールなどで設定する必要がある。また、たとえパッケージオプションをコンソールで設定したとしても、ツールバーの**knit**アイコンでレポート生成処理を実行する場合には新しいRセッションが起動するため、パッケージオプションの変更は反映されない。基本的にはパッケージオプションは使う必要はないだろう。

4.7 Rマークダウン編集サポートツール

これまで、Rマークダウンファイルの書き方を説明してきた。RStudioではRマークダウンファイルの編集を補助する便利な機能を使うことができる。

以下に詳細を説明するが、まずは次の点だけ覚えておこう。

1. コードチャンクの挿入はツールバーの**[Insert]**アイコン(または**Ctrl+Alt+I / Command+Option+I**)。
2. コードチャンクの実行はコードチャンク1行目右の再生アイコン(または**Ctrl+Shift+Enter / Command+Shift+Enter**)。
3. レポートの生成はツールバーの**[Knit]**アイコン(または**Ctrl+Shift+K / Command+Shift+K**)。

Rマークダウンファイルをエディタタブで開くと、Rマークダウン用のツールセットが表示される。図4.5はRマークダウン用のエディタタブである。

① スペルチェック。現在のところ日本語が混ざっているとうまく動作しない可能性が高い。
② レポートの生成。▼をクリックすると、レポートの形式を選ぶことができる。

4.7 Rマークダウン編集サポートツール

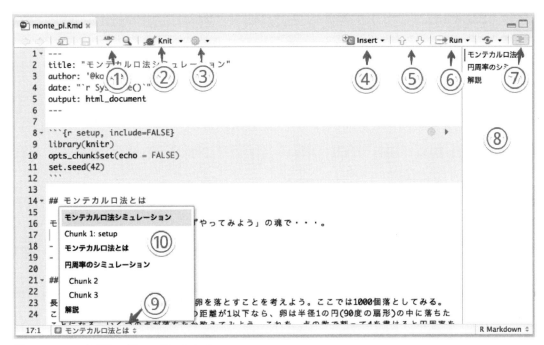

図 4.5　Rマークダウン用のエディタタブ

③　プレビューやコード出力に関する設定。
④　コードチャンクの挿入。R以外のエンジンにも対応している。
⑤　コードチャンク間を移動できる。
⑥　コードチャンクのコードの実行。▼をクリックすると、一部のコードチャンクのコードを実行できる。
⑦⑧　マークダウンの構造がアウトライン表示される。
⑨⑩　チャンクラベルが表示される。選択するとそのチャンクに移動できる。

また、コードチャンクのチャンクオプションをRStudioの編集補助機能により設定することも可能である。

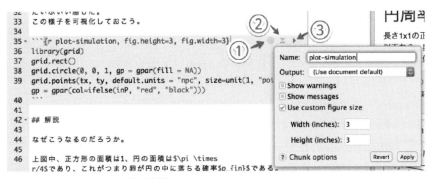

図 4.6　コードチャンクの設定補助ツール

チャンクヘッダ(コードチャンクの先頭行)の右端に、図4.6のようにコードチャンクの設定、実行用のツールがある。

①　歯車をクリックするとダイアログが表示されて、重要なチャンクオプショ

ンを設定できる。

② ▼と下線のアイコンをクリックすると、編集中のコードチャンクよりも上にあるすべてのコードチャンクを実行する。解析コードを編集する際には、先頭から編集中のコードチャンク直前までのコードを実行することで、それまでの解析フローを再現して確認できるので、とても便利である。

③ ▶アイコンで編集中のコードチャンクのコードを実行できる。

4.7.1　ノートブックモード

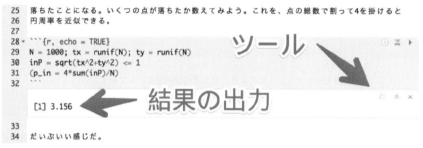

図 4.7　ノートブックモードでの出力。

　RStudio のデフォルトの動作では、R マークダウンファイルのコードチャンクを実行した際に、その結果がコードチャンクのすぐ下に表示される (ノートブックモードまたはインライン出力モード、図 4.7)。

　インライン出力エリア (図 4.7 の「結果の出力」と示された領域) の右には出力を操作するアイコンがある。左から、独立のウィンドウで結果を表示する、結果の表示・非表示の切り替え、出力の削除である。

　コードチャンクの結果をコンソールに出力するのかインラインで出力するのかについては、図 4.5 の③のアイコン (エディタタブのツールバーの歯車アイコン) から設定できる。

　[Chunk Output Inline] にチェックが入っていれば、ノートブックモードである。この設定のときには、**[Expand All Output]** で結果をすべて表示、**[Collaplse All Output]** で結果をすべて非表示、**[Clear Output]** で結果の削除を行うことができる。

　ノートブックモードは R マークダウンを編集しながら結果を確認する用途には向いているかもしれないが、コンソール作業に慣れた人にとっては使いにくく感じるかもしれない。**[Chunk Output in Console]** を選択すれば、テキストをコンソールタブ、グラフなどをビューアタブやプロットタブに出力する通常の出力モードに変更できる。

　なお、ノートブックモードではチャンクラベルが setup という名前のセットアップチャンク (4.3.3 項) は特殊な扱いとなり、コードチャンクを個別に実行する際に、そのコードチャンクを実行する前にセットアップチャンクの内容が

自動的に実行される。

4.7.2 Rノートブック

RStudio ではRノートブックという、Python でいうところの Jupyter Notebook に近いものを使うこともできる。Rノートブックを作成するには、ツールバーの新規作成アイコンから **[R Notebook]** を選ぶ。

編集方法はRマークダウンでインライン表示を使う場合とほぼ同じであるが、次のような特徴がある。

- YAMLヘッダの `output:` が `html_notebook` である。
- コードチャンクを実行するとチャンクの下に実行結果が表示される (ノートブックモード)。
- プレビューを表示できる。ドキュメントを保存するたびにプレビューが更新される。
- 中身はRマークダウンファイルなので、通常のRマークダウンファイルに変換することができる。YAMLヘッダの `output:` を `html_document` などにすればよい。
- `filename.nb.html` という HTML ノートブックが生成されるので、これをレポートとして使うこともできる。
- HTMLノートブックではコードの表示・非表示の切り替えが可能である。
- HTMLノートブックでは、そのノートブックのもととなるRマークダウンファイルをエクスポートできる (現在は日本語は文字化けする[12])。

Rノートブックは、再現可能なレポート生成というよりも、アドホックな解析の支援に向いている (と筆者は考えている) が、Jupyter Notebook に慣れている人には使いやすいかもしれない[13]。

4.8 Rスクリプトからレポート生成

第3章では、再現可能なデータ解析フローのためのRスクリプトの導入を説明した。Rスクリプトに慣れている場合や、これまで作成したRスクリプトがある場合、これをわざわざRマークダウンに手直しすることは大変面倒である。

Rマークダウンの機能を使えば、Rスクリプトをそのままレポート化することも可能である。これにはもとのスクリプトに次のような簡単な加筆を加えれ

---

[12] 回避方法として、https://qiita.com/mokztk/items/a229ce749ac2062e17bf
[13] 残念ながら筆者はRノートブックは使わないし、他の人から使っているという話もあまり聞かない。

ばよい。次の例を見てみよう。

```
#' ---
#' title: "スクリプトからレポートづくり"
#' author: "@kohske"
#' date: "2017/4/1"
#' ---
#'

#+ message=FALSE
library(magrittr)
library(purrr)
library(dplyr)

#' # データの読み込み
src_data =
  dir("sandbox/src_data", ".*tsv$", full.names = TRUE) %>%
  map(read.table, header = TRUE) %>%
  bind_rows()
src_data %>% summary

#' # 条件ごとの散布図
library(ggplot2)
ggplot(src_data, aes(x, y)) +
  geom_point() +
  labs(title = "条件ごとの散布図") +
  facet_wrap(~z) +
  theme_bw(base_family = "Meiryo")

#' こんな感じでレポート作成！
```

レポートを生成するには、エディタタブのツールバーのノート型のアイコンをクリックする。レポートの形式を聞かれるので、好きなレポート形式を選んで [Compile] としてみよう。input 引数に R スクリプトファイル名を指定して render() を実行してもよい。

図 4.8 のようなレポートが生成されるはずだ。

R スクリプトによるレポート生成は次のような規則に従っている。

- 行頭が #' 形式のコメント[14]はドキュメントチャンク (またはファイル先頭なら YAML メタデータ) として処理される。
- コード領域はコードチャンクとして処理される。
- #+ 形式のコメント[15]はコードチャンクのチャンクヘッダとして処理される。
- チャンクヘッダまたはコードの先頭から次のチャンクヘッダまたはドキュメントチャンクまでが一つのコードチャンクとして処理される。

---

[14] シャープに続けてアポストロフィ (Shift+7)。
[15] シャープに続けてプラス。

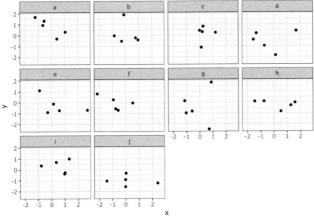

図 4.8　Rスクリプトから作成したレポート

　言葉にするとややこしいが、やってみればなんとなく雰囲気はつかめる。
　このように、RスクリプトとRマークダウンには互換性があるので、Rスクリプトをレポート生成のために使うことも可能である。しかし、コードチャンクとドキュメントチャンクの見やすさ、ドキュメントチャンクの記述のしやすさ、RStudio の編集補助機能などを考えれば、Rマークダウンの方がレポートの作成には適している。Rスクリプトによるレポート生成はあくまで解析結果にメモを付けた程度の簡易的なものにとどめて、まともなレポートを作成する場合にはRマークダウンを使うことを検討しよう。

4.8.1 RスクリプトとRマークダウンの変換

Rスクリプトを記述した後に、「やっぱりこれでレポート書こう」と思ったとする。あるいはこれまでに作成したRスクリプトがあるので、なかなかRマークダウンに移行できないとする。そのような場合には、**knitr**パッケージのspin()でRスクリプトをRマークダウンに変換してしまおう。その後に、Rマークダウンを編集して、レポートを作成するのがよいだろう。

```
knitr::spin("input_file.R", knit = FALSE)
```

これでinput_file.RmdというRマークダウンファイルができあがる。RスクリプトからRマークダウンへの変換規則、つまりコメントがどのように扱われるかは、前節の説明のとおりである。スクリプトをそのまま変換しようとすると全体が一つのコードチャンクにまとめられてしまう場合がある。この場合は、Rスクリプトの中に#'というコメント行を適当に入れていこう。その場所が新たなコードチャンクの開始となる。

一方、Rマークダウンファイルを使って作業をしていたところ、ボスから「この解析のスクリプトくれ」と言われたとしよう。そんなときは、**knitr**パッケージのpurl()でRマークダウンファイルからコードを抽出したRスクリプトを作成すればよい。

```
knitr::purl("input_file.Rmd", documentation = 2L)
```

これでinput_file.RというRスクリプトが作られる。

documentationの引数には、Rマークダウンのドキュメントをどの程度Rスクリプトに残すか指定する。0LならコードのみのRスクリプトが生成される。1Lならチャンクヘッダが、2Lならすべてのドキュメントが、コードとともにRスクリプトにコメントとして残される。

Chapter 5

Rマークダウンによる表現の技術

　第4章ではRマークダウンにより再現可能なレポートを作成する方法を解説した。Rマークダウンの利点は、再現可能性の向上だけにとどまらない。一つのRマークダウンファイルからさまざまなフォーマットのレポートを作成する、従来のレポートでは実現不可能だったインタラクティブな可視化を利用する、といった利点もある。本章ではこれらの利点を生かすためのRマークダウンの応用について紹介する。

5.1　さまざまな形式のレポート作成

　Rマークダウンでは、第4章で紹介したHTML形式のレポート以外にも、PDFやWord形式、プレゼン用ファイル、学術ジャーナルや本、ウェブサイトなど、さまざまな形式のレポートを生成できる。公式サイト[1]に、生成できる主なレポートの形式が紹介されているので参考にしてほしい。
　Rマークダウンから生成するレポートの形式は、YAMLヘッダの`output:`で指定するか、`rmarkdown::render()`で`output_format`引数を指定すればよい(4.5.1項)。RStudioのエディタタブのツールバー(**[Knit]**アイコンの右の▼)から選択することもできる。
　学術雑誌の論文などの厳密に定められたフォーマットに従った文書を生成するためのテンプレートが提供されている場合もあるので、そのような場合にはテンプレートから新規Rマークダウンファイルを作成するのが便利である(5.1.3項)。
　YAMLで設定できるレポート出力のメタ情報は、レポート形式により異なる。HTML/PDF/Word文書のメタ情報については4.5.2項で紹介しているが、本書ですべてのレポート形式のメタ情報を網羅することはできないので、それぞれのレポート形式で指定可能なメタ情報については必要に応じて公式サイト

---

[1] http://rmarkdown.rstudio.com/formats.html

のリンク先で確認してほしい。

また、ユーザコミュニティから提供されているレポート形式もある。例えば **prettydoc** パッケージ[2] では、`output_format` の `prettydoc::html_pretty` により軽量な HTML レポートを生成できる。

5.1.1　文書

R マークダウンでは以下のような形式の文書を作成できる[3]。

形式	説明	output_format
HTML	HTML レポート	html_document
PDF	PDF	pdf_document
Word	Microsoft Word (.docx)	word_document
ODT	OpenDocument	odt_document
RTF	リッチテキスト	rtf_document
Markdown	マークダウン	md_document
Notebook	HTML ノートブック	html_notebook

形式によっては、追加で外部ツールのインストールが必要になる場合もある。例えば PDF 形式の出力には LaTeX 環境のセットアップが必要である。

5.1.2　プレゼンテーション

プレゼンテーションなどで使うためのスライド形式のレポートを作成することもできる。

形式	説明	output_format
ioslides	HTML (ioslides)	ioslides_presentation
Slidy	HTML (W3C Slidy)	slidy_presentation
Beamer	PDF (LaTeX Beamer)	beamer_presentation

スライドの種類として、RStudio にはデフォルトで HTML スライドの ioslides、Slidy、そして PDF スライドの Beamer が用意されている[4]。これ以外にも、RStudio チームによる **revealjs** パッケージ[5] や YiHui が開発してい

---

[2] http://statr.me/2016/08/creating-pretty-documents-with-the-prettydoc-package/
[3] `output_format` は YAML ヘッダの `output:` または `rmarkdown::render()` の引数に指定する名前である。
[4] Beamer を使うには LaTeX 環境のセットアップが必須である。また、Windows 環境では日本語が使えない可能性がある。
[5] http://rmarkdown.rstudio.com/revealjs_presentation_format.html

る xaringan パッケージ[6] なども HTML スライドの作成に使うことができる。

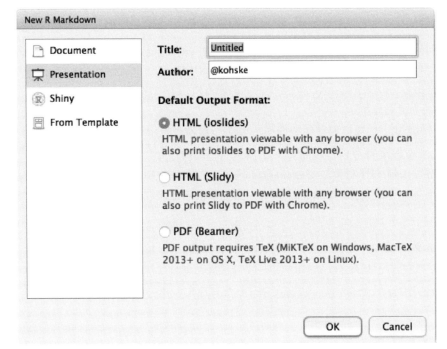

図 5.1　プレゼンテーションの新規作成

　スライドを作成する場合は、R マークダウンを新規作成する際に、ダイアログで [Presentation] を選択して、スライドの種類を指定すればよい (図 5.1)。なお、ここで指定したフォーマットの種類、スライドの種類は YAML メタ情報に反映されるだけなので、既存の R マークダウンファイルでも YAML メタ情報 (output:) を変更するだけでスライドを作成することができる。

　スライド用の R マークダウンファイルの書き方の大部分は第 4 章で紹介したレポート用の R マークダウンの書き方と同じである。これ以外に、ページ区切りによる新しいスライドの作成、箇条書きのアニメーション表示など、スライドに特有の書式がいくつかある。これらの書式はスライドのフォーマットによって異なるので、詳細は公式サイト[7] の **Presentations** のリンク先の説明を参考にしてほしい。

　ここでは、ioslides を取り上げて、R マークダウンによるスライド作成について説明しよう。

- `#`、`##` (第 1 レベル、第 2 レベルの見出し) はスライドの区切りとなる。
- `#` はセクションタイトル、`##` はスライドタイトルとして使うことができる。
- 見出しの後ろで `## 見出し {.smaller}` のようにスライド属性を指定することができる。
  - `.smaller` で小さなフォントを使う。

---

[6] https://github.com/yihui/xaringan
[7] http://rmarkdown.rstudio.com/formats.html

- .buildでスライド内の要素を一つずつ順番に表示する。
- .flexboxと.vcenterを指定することで、スライドの要素を中央寄せにできる。
- ---- (水平線) は見出しのないスライド区切りとなる。
- YAMLのtitle、authorなどがタイトルスライドに表示される。
- # 見出し | 副見出し、のように見出しのテキストの後ろに|(パイプ)をはさんで副見出しを挿入できる。
- > - 要素1という形式で、箇条書きの要素を一つずつ順番に表示できる(以下に紹介する例を参考にしてほしい)。またはYAMLヘッダでioslides_presentation:の子要素にincremental: trueを指定することで、スライド内すべての箇条書きを順番にアニメーション表示できる。

ここで紹介した以外にも、CSSを使ったデザインの調整やページ遷移の設定など、さまざまなカスタマイズが可能である。参考までに、ioslides用のRマークダウンファイルと、できあがりのスライドのイメージを紹介しておこう。ここで紹介するRマークダウンファイルは、4.2節で紹介したHTMLレポート用のRマークダウンファイルとほとんど同じ内容である。このように、レポート用のRマークダウンファイルを作成しておいて、そのRマークダウンファイルから必要に応じてスライドを作成することができる。レポートとスライドの作成を別々に行うよりもずっと効率的である。しかもレポートとスライドで用いられるデータ解析結果が全く同じものであることが保証されるという意味で、再現可能性の観点からも好ましい。

```
---
title: "モンテカルロ法シミュレーション"
author: '@kohske'
output: ioslides_presentation
---

```{r setup, include=FALSE}
library(knitr)
opts_chunk$set(echo = FALSE)
set.seed(42)
```

モンテカルロ法とは | そのココロを理解する {.smaller}

モンテカルロ法とは、「とりあえずやってみよう」の魂で・・・。

> - ランダムに何かやる
> - そこから何か読み取る

円周率のシミュレーション

長さ1×1の正方形の中にランダムに卵を落とすことを考えよう。ここでは1000個落としてみる。
```

このとき、正方形の左下の頂点から卵までの距離が 1 以下なら、卵は半径 1 の円 (90 度の扇形) の中に落ちたことになる。いくつの点が落ちたか数えてみよう。これを、点の総数で割って 4 を掛けると円周率を近似できる。

````
```{r, echo = TRUE}
N = 1000; tx = runif(N); ty = runif(N)
inP = sqrt(tx^2+ty^2) <= 1
(p_in = 4*sum(inP)/N)
```
````

だいぶいい感じだ。
この様子を可視化しておこう。

````
## モンテカルロ法の可視化 | 卵はどこに落ちるか？   {.flexbox .vcenter}

```{r plot-simulation, fig.height=5, fig.width=5}
library(grid)
grid.rect()
grid.circle(0, 0, 1, gp = gpar(fill = NA))
grid.points(tx, ty, default.units = "npc", size=unit(1, "points"),
  gp = gpar(col=ifelse(inP, "red", "black")))
```
````

解説

なぜこうなるのだろうか。

上図中、正方形の面積は 1、扇形の面積は $\pi / 4$ であり、これがつまり卵が円の中に落ちる確率 p_{in} である。
逆に、観察された確率 p_{in} から π を推定するには、$\pi = p_{in} \times 4$ となる。

5.1.3 学術雑誌用フォーマット

学術雑誌に論文を投稿する際に、雑誌指定のフォーマットに合わせるのは非常に面倒な作業である。R マークダウンでは、学術ジャーナルのフォーマットに合わせたファイルを作成するためのテンプレートが用意されている。この機能は **rticles** パッケージ[8]として RStudio から提供されているので、別途パッケージのインストールが必要である。

```
install.packages("rticles", type = "source")
```

2017 年 4 月現在、主に次のようなフォーマットのテンプレートが提供されている。

---

[8] https://github.com/rstudio/rticles

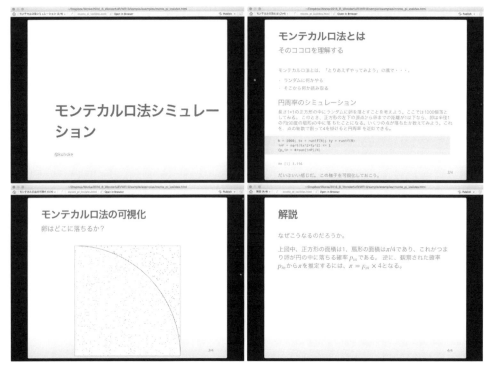

図 5.2　ioslides のサンプル

- JSS (Journal of Statistical Software)[9]
- R Journal articles[10]
- ACM (Association for Computing Machinery)[11]
- ACS (American Chemical Society)[12]
- AMS (American Meteorological Society)[13]
- Elsevier[14]
- AEA (American Economic Association)[15]

　インストールすると、新規Rマークダウンファイルを作成する際に、テンプレートからジャーナルのフォーマットを選択できるようになる(図5.3)。

　Rマークダウンを新規作成すると、必要な情報が記載されたRマークダウンファイルが作成される。あとは適当な箇所にマークダウンドキュメントやコードチャンクを記述していけばよい。

5.1.4　その他

　これ以外にも、次のようなレポート(の範疇を超えているもの)をRマークダ

---

[9] https://www.jstatsoft.org/index
[10] https://journal.r-project.org/
[11] http://www.acm.org/
[12] http://pubs.acs.org/
[13] https://www.ametsoc.org/ams/
[14] https://www.elsevier.com/
[15] https://www.aeaweb.org/journals/policies/templates

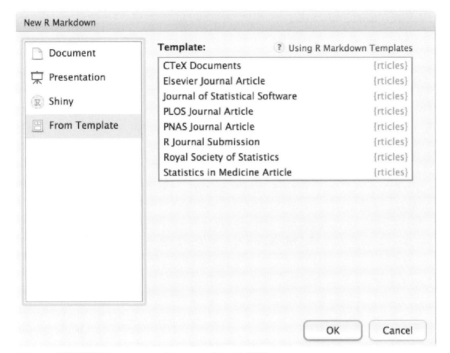

図 5.3　学術雑誌用フォーマットのテンプレート選択

ウンから生成することができる。

- 書籍 (**bookdown**, 5.2 節)
- インタラクティブなダッシュボード[16] (**flexdashboard**, 5.3 節)
- ウェブサイト (**websites**) やブログ (**blogdown**)

5.2　bookdown による書籍の作成

　R は統計解析に特化したプログラミング言語およびその開発実行環境であり、RStudio は R を使いやすくする統計解析用の IDE (統合開発環境) のはずである。ところが最近では、RStudio と R マークダウンを使って本を書くことができてしまう。実は、この本も **bookdown** パッケージを用いて RStudio と R マークダウンにより執筆している (ただしドキュメントの記述、編集には RStudio 付属のエディタではなく、emacs を使っている)。

　bookdown パッケージは、R マークダウンから HTML、PDF、そして ePub フォーマットの書籍 (ここでは「ブック」と呼ぶ) を作成することができる。**bookdown** で用いる R マークダウンの書式は、これまで説明してきた R マークダウンによる普通のレポート生成と基本的には同じだが、章ごとに別の R マークダウンファイルに分けて記述、相互参照 (「第〜章」などの番号付けを自動

---

[16] 車のダッシュボードのように、さまざまな情報が一枚のボードにまとめられたもの。

的に参照する) といった機能が追加されている。

ここでは、**bookdown** についての主要な機能を紹介する。公式書籍や公式サイト[17] の情報も参考にしてほしい。

なお、**bookdown** ではすべてのファイルの文字コードがUTF-8であることを前提としているので、Windowsの場合は注意してほしい。

5.2.1 最小限のデモを使ったチュートリアル

まずは **bookdown** 用のRマークダウンの構造を理解するために、最小限のデモプロジェクト[18] を動かしてみよう。

1. `install.packages("bookdown")` として、**bookdown** パッケージをインストールする。
2. サンプルプロジェクトをダウンロードする。
   開発サイトからzipファイルを直接ダウンロードできる[19]。
3. RStudioでサンプルプロジェクトを開く。
   zipファイルの中身はRStudioのプロジェクトになっているので、zipファイルを解凍して `bookdown-demo.Rproj` というファイルをダブルクリックするなどして、プロジェクトをRStudioで開く。
4. マスタファイルを開く。
   ファイルタブに `index.Rmd` というRマークダウンファイルがあるので、エディタタブでこのファイルを開く。
5. ビルドする。
   ここではRマークダウンからブックを生成することを「ビルド」と呼ぶ。右上のパネルに **[Build]** というタブが現れているはずである。このタブを選択して、**[Build Book]** というアイコンをクリックしてみよう。
6. ビルドされたブックを確認する。
   デフォルトでは出力フォーマットとしてgitbookという形式のHTMLブックが指定されている。うまくいけばビューアウィンドウかビューアタブにHTMLブックが表示されているはずである。ビューアタブが小さくて見づらい場合は、ウェブブラウザで見てみるとよいだろう。

5.2.2 bookdown プロジェクトの構造

ブックは通常、複数の章から構成される大規模なプロジェクトである。したがって、章ごとに別のRマークダウンファイルを記述する方が見通しがよい。

---

[17] https://www.crcpress.com/product/isbn/9781138700109,
https://bookdown.org/yihui/bookdown/
[18] https://github.com/rstudio/bookdown-demo
[19] https://github.com/rstudio/bookdown-demo/archive/master.zip

5.2 bookdown による書籍の作成

デフォルトでは **bookdown** は複数の R マークダウンファイル (拡張子が .Rmd の ファイル) をファイル名の順序で処理して一つのブックにまとめる。なお、_ で 始まるファイル名の R マークダウンファイルは無視される。また、`index.Rmd` という R マークダウンファイルがあれば、そのファイルはブックの先頭におか れる。

例えばデモプロジェクトは以下のようなファイル構造になっている。

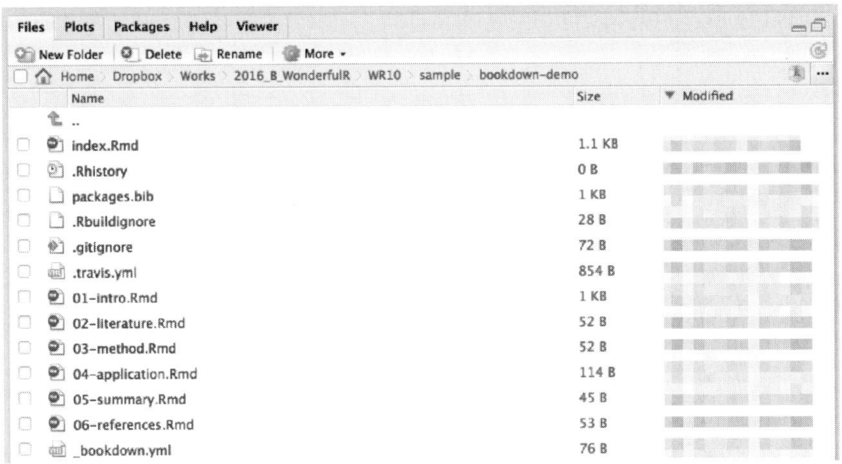

図 5.4 プロジェクト内のファイル

この場合、`index.Rmd` を先頭として、以降 `01-intro.Rmd`、`02-literature.Rmd`、 そして `06-references.Rmd` の順番でブックにまとめられる。

先頭の R マークダウンファイル (通常は `index.Rmd`) には、次の例のように ブックのメタ情報の YAML ヘッダを記述する。

```
---
title: "論語の心理学"
author: "@kohske"
date: "2017/4/1"
site: bookdown::bookdown_site
output: bookdown::gitbook
description: "この本は、論語を心理学的に・・・"
---
```

`site: bookdown::bookdown_site` というおまじないフィールドを必ず記述し よう。レポートの作成と同じように、タイトル、著者名、日付などを記述で きる。

章ごとに R マークダウンを分けて記述する場合は、それぞれの R マークダウ ンファイルの先頭に第1レベルの見出し ("# 章のタイトル") を記述する。章番 号は **bookdown** により自動的に付加されるので、記述する必要はない。

それぞれの R マークダウンファイルはマークダウン記法に従って執筆してい く。もちろん、コードチャンクを記述することもできる。

5.2.3 特殊な見出し

ブックでは「はじめに」「付録」など特殊な見出しを付ける場合がある。「はじめに」のような章番号を付加しない章見出しの場合には、見出しの後ろに{-}を付けて、

```
1  # はじめに {-}
```

とすればよい[20]。

章よりも大きな「部」でブックを分けたい場合は、その部の最初の章を記述するRマークダウンファイルの先頭に# (PART)で始まる「部」用の見出しを加える。また付録がある場合は# (APPENDIX)で始まる「付録」用の見出しを加える。

```
1  # (PART) 第1部 心理学から読み解く論語 {-}
2  
3  # 義と嗜癖
4  
5  # 仁とモラル
6  
7  ...
8  
9  # (APPENDIX) 付録 {-}
10 
11 # 重要な論語
12 
13 # 論語に関連する心理学理論
```

5.2.4 相互参照

ブックの中では「第3章で示したように、・・・」「図3.2を見ればわかるやろ」というように、ブック内の別の場所を示すことがある。参照先の番号は、ブックが完成してみないと確定しないので、番号を直接記述することは避けて、相互参照を使うべきである。相互参照により、見出し、図表、数式、コードチャンクなどに付けられたラベルを\@ref(label)という形式で参照することで、自動的に番号を取得してブック内に埋め込むことができる。

bookdown[21]では、見出しのテキストから自動的にIDを生成するが、日本語が含まれる場合にはうまくいかない場合が多い。明示的にIDを付けるには、{#label}というラベル指定を見出し行の最後に付加すればよい。

---

[20] 見出しと{の間には半角スペースは不要かもしれないが、公式サンプルではすべて半角スペースが入っているので、入れておいた方がよいだろう。

[21] 正確にはPandocの機能。

```
# ほげほげほげ {#hogehoge}
```

これに対して、

```
ところで、第\@ref(hogehoge)章では、・・・
```

とすれば、自動的に正しい章番号が出力される。

画像を挿入するには、**knitr**パッケージのinclude_graphics()を使うとよい。

```
```{r fig_result_glm, fig.cap='図のキャプション', echo=FALSE}
knitr::include_graphics("figure/results_glm.png")
```
```

このように挿入した画像に対して、\\ref{fig:fig_result_glm}(fig_result_glmの部分はチャンクラベル)とすることで、図1というような図表番号を自動的に出力することができる。

コードチャンク内で生成するプロット画像なども同様に相互参照可能である。ただし、参照したい画像を生成するチャンクでは、チャンクオプション`fig.cap`を指定する必要がある。

相互参照の世界は深くて広いので、使いこなすには公式ドキュメントサイトの解説[22]を参考にしてほしい。

5.2.5 bookdownのカスタマイズ

`_bookdown.yml`というYAMLを記述したファイルを用意することで、**bookdown**の動作を制御することができる。例えば、`rmd_files:`により、ブックに用いるRマークダウンファイルを明示的に指定できる。以下の例では、出力がHTMLの場合とLaTeXの場合で別のRマークダウンファイルを使うように指定している。

```
rmd_files:
  html: ["index.Rmd", "abstract.Rmd", "intro.Rmd"]
  latex: ["abstract.Rmd", "intro.Rmd"]
```

これ以外にも、出力ファイル名や出力フォルダ、各章のRマークダウンファイルを処理する前や後に共通して実行するRスクリプト(例えばワークスペースのオブジェクトを削除してクリーンな状態にする処理)などを指定することができる[23]。各章の前後で共通して実行するRスクリプトを複数指定することもできる。

```
book_filename: "oh-book" # ブック全体をまとめたマークダウンファイルのファイル名
before_chapter_script: ["sb1.R", "sb2.R"] # 章の前に実行するスクリプト
after_chapter_script: "sa1.R" # 章の後に実行するスクリプト
```

---

[22] https://bookdown.org/yihui/bookdown/markdown-extensions-by-bookdown.html
[23] https://bookdown.org/yihui/bookdown/configuration.html

```
4  output_dir: "book-output" # 出力フォルダ
5  clean: ["my-book.bbl", "R-packages.bib"] # ビルド後に削除するファイルやフォルダ
```

また、章番号や図表番号のテキストを指定することもできる[24]。

```
1  chapter_name: ["第", "章"] # 章の番号付け。この場合、「第1章」という形式になる。
2  language:
3    label:
4      fig: '図' # 図の番号付け。「図1」という形式になる。
5      tab: '表' # 図の番号付け。「表1」という形式になる。
6      eq: '式' # 式の番号付け。「式1」という形式になる。
```

なお、これらのカスタマイズは_bookdown.ymlではなく、先頭のRマークダウンファイル(通常はindex.Rmd)のYAMLヘッダに記述することもできる。

5.2.6 出力フォーマット

bookdownではHTMLブック、PDFブック、ePubなどさまざまなフォーマットのブックをビルドできる。出力フォーマットは先頭のRマークダウンファイル(通常はindex.Rmd)のYAMLヘッダ、または_output.ymlというYAMLファイルに記述する。両方で指定している場合はYAMLヘッダが優先される。レポートの作成と同じように、フォーマットの種類に応じてさまざまなオプションを指定できる。ビルドできるフォーマットの種類、利用できるオプションについては公式ドキュメント[25]を参照しよう。

以下の例では、YAMLヘッダで3種類のブックへの出力を指定している。

```
1  ---
2  title: "タイトル"
3  author: "著者名"
4  output:
5    bookdown::gitbook:
6      lib_dir: assets
7      split_by: section
8    bookdown::pdf_book:
9      keep_tex: yes
10   bookdown::html_book:
11     css: toc.css
12 documentclass: book
13 ---
```

_output.ymlに記述する場合には次のようになる。

```
1  bookdown::gitbook:
2    lib_dir: assets
3    split_by: section
```

---

[24] https://bookdown.org/yihui/bookdown/internationalization.html
[25] https://bookdown.org/yihui/bookdown/output-formats.html

```
4  bookdown::pdf_book:
5    keep_tex: yes
6  bookdown::html_book:
7    css: toc.css
```

複数のフォーマットを記述した場合には、すべてのフォーマットがビルドされるが、RStudio の [Build] タブの [Build Book] アイコンの右にある [▼] から、出力フォーマットを指定することもできる。

5.3　flexdashboard でエッセンスを伝える

レポートやスライドはどちらかというと時間をかけてじっくりと説明して、詳細を理解してもらうという用途に向いている。一方、ボスに 3 分間でプレゼンするというように、解析結果の中でも特に重要なポイントをひと目で伝えられるような表現が好ましい状況もあるだろう。

flexdashboard パッケージを使うと、R マークダウンからダッシュボードを生成することができる。車や飛行機のダッシュボードを想像してほしい。ドライバーやパイロットが車体や機体の状態をひと目で瞬時に把握するために、スピードやエンジンの回転数、ガソリン残量、高度や機体の向きなどを示す、視認性の高いさまざまな計器類がわかりやすく並べられている。

図 5.5 は **flexdashboard** で生成したダッシュボードの例である。この例では、`mtcars` データセットについてアレコレ可視化したものが詰まっている。このように、**flexdashboard** パッケージでダッシュボードを生成すれば、車や飛行機のダッシュボードのように、データのエッセンスを効果的に伝えることができる。

flexdashboard は非常に豊かな表現力を持っている。公式サイトのサンプル[26] を眺めてみるとよいだろう。Pokemon Dashboard[27] がオススメだ。

flexdashboard パッケージを使うには、まずはパッケージをインストールしよう。

```
1  install.packages("flexdashboard")
```

次に、ダッシュボードのもととなる R マークダウンファイルを新規作成する。ツールバーの新規作成アイコンから [R Markdown] を選択し、新規作成ダイアログの [From Template] の中に [Flex Dashboard] という項目が追加されているので、これを選択する。すると、エディタタブにテンプレートが作成されるので、試しにこのまま [Knit] アイコンをクリックしてダッシュボードを生

---

[26] http://rmarkdown.rstudio.com/flexdashboard/examples.html
[27] http://jkunst.com/flexdashboard-highcharter-examples/pokemon/

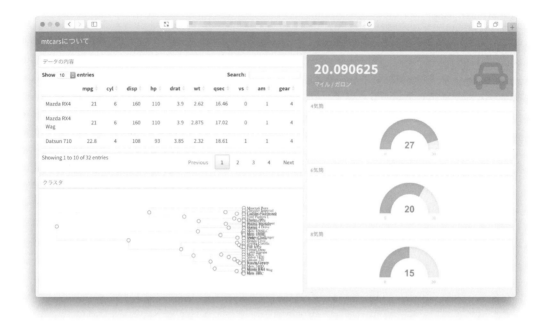

図 5.5　Flex Dashboard で生成したダッシュボード

成してみよう。

　上部にタイトル、左に **Chart A** という領域、右上に **Chart B** という領域、そして右下に **Chart C** という領域が表示されるはずだ。中身はまだない。

5.3.1　ダッシュボードのレイアウト

　ダッシュボードはページ (タブ)、行、列に分割されている。まずは以下の要点を押さえておこう。

- レベル 1 の見出し (====または#) でページ区切りができる。
- レベル 2 の見出し (----または##) で列 (横方向の分割) を作成できる。
- レベル 3 の見出し (###) で列を上下 (縦方向) に分割できる。
- YAML ヘッダによってレイアウトの設定方法を変更できる。

　分割の方法は公式サイト[28] の図解を見れば一目瞭然である。

　例えば以下の例では、2 ページに分けた上で、1 ページ目は 2 列に分割して、右の列はさらに上下に分割している。

```
---
title: "ダッシュボードのレイアウト 01"
output: flexdashboard::flex_dashboard
---

```{r setup, include=FALSE}
```

---

[28] http://rmarkdown.rstudio.com/flexdashboard/layouts.html
```

```
 7  library(flexdashboard)
 8  ```
 9  
10  ページ1
11  ========
12  
13  ページ1の左側 {data-width=300}
14  --------
15  
16  ### ページ1の左側
17  
18  
19  
20  ページ1の右側 {data-width=200}
21  --------
22  
23  ### ページ1の右側の上 {data-height=100}
24  
25  
26  
27  ### ページ1の右側の下
28  
29  
30  
31  ページ2
32  ========
33  
```

デフォルトでは、まずは横方向の分割、続いて縦方向の分割となる。これを変更するためにYAMLヘッダのoutput: flexdashboard::flex_dashboard: フィールドでレイアウトの調整が可能である。

- orientation: rowsとすると、レベル2の見出しが縦方向の分割、レベル3の見出しが横方向の分割になる。デフォルトはcolumnで、レベル2の見出しが横方向の分割、レベル3の見出しが縦方向の分割である。
- vertical_layout: scrollとすると、領域サイズよりも大きなグラフなどの要素をスクロールして見られるようになる。デフォルトはfillで、この場合は領域のサイズにフィットするように要素のサイズが調整される。

YAMLヘッダの指定方法は以下のようになる。

```
1  ---
2  title: "今年度の売上の概要"
3  output:
4    flexdashboard::flex_dashboard:
5      vertical_layout: scroll
6      orientation: rows
```

```
7  ---
```

また、レベル2、レベル3の見出しに続けて、{data-width=600}(幅の指定)、{data-height=300}(高さの指定) などとすることで、列や行のサイズを指定できる。

```
1  ページ1の右側 {data-width=200}
2  --------
3
4  ### ページ1の右側の上 {data-height=10}
```

5.3.2 ダッシュボードの表現手法

ダッシュボードは基本的にはRマークダウンなので、マークダウンによるドキュメントや、Rマークダウンのコードチャンクが出力するグラフ、テキスト、表などを置くことができる。

しかし、せっかくダッシュボードを作成するなら、やはり視覚的な訴求力が高い表現を使う方がよいだろう。5.4節で紹介する **htmlwidgets** ライブラリ群によるJavaScriptベースの、派手な(しかも意味がある)可視化は、ダッシュボードにうってつけなので、ぜひ活用してほしい。

また、5.5節の **DT** パッケージによるソートや検索ができる表、そして **flexdashboard** パッケージに組み込まれているバリューボックスやゲージなどを使ってデータのエッセンスを表現することが、ダッシュボードの醍醐味である。

バリューボックス (図5.6左) は値、短い説明、アイコンがセットになった色付きの箱で、ひとつの数字を強調するのに使える。アイコンはFont Awesome、ioniconsなどから選ぶことができる[29]。

ゲージ (図5.6右) はタコメーターのようなアイテムで、最小値と最大値がはっきりしている指標の大きさを視覚的に訴えるのに適している。バリューボックスもゲージも、以下のように簡単に使うことができる。

```
1  valueBox(3, "杯 / 日", icon = "fa-beer")
2  gauge(90, min = 0, max = 100, symbol = '%')
```

ダッシュボードのインパクトとJavaScriptベースのインタラクティブな可視化は、データのエッセンスを伝えるための強力な武器となる。

ここで紹介した機能の他にも、タブセット[30]、**Shiny** との統合、**Storyboards**[31] など、使える機能はたくさんある上に、開発もアクティブに進められている。

ダッシュボードを活用してボスにインパクトを与えて、昇給昇進を勝ち取っ

---

[29] http://fontawesome.io/icons/、http://ionicons.com/
[30] ひとつの領域に表示する内容をタブにより切り替えることができる。
[31] 紙芝居的に順番にデータを紹介するのに適している。

図 5.6　バリューボックスとゲージ

てほしい。

5.4　htmlwidgets によるインパクトのある可視化

HTML レポートや HTML プレゼンテーションなど、ウェブブラウザで表示するレポートの場合には、見た目としても機能としてもインパクトのあるインタラクティブな可視化が可能である。グラフのデータ点にマウスカーソルを近づけると値が表示される、可視化するデータの範囲をインタラクティブに操作する、グラフを拡大する、などといったことである。

『ドキュメント・プレゼンテーション生成』でも「ウェブビジュアライゼーション」としていくつかの方法を紹介していたが、現在ではラムナス V 氏と RStudio チームを中心として、**htmlwidgets** パッケージ[32] を利用した JavaScript ベースのライブラリ群が整備されている。ギャラリーサイト[33] には、見るだけで楽しいサンプルやデモがたくさん用意されているので、まずは一度見てみてほしい。

RStudio では、ビューアタブで **htmlwidgets** パッケージを利用した可視化を実行できるので、レポートに使う前にコンソールからアドホックに試してみることもできる。

2017 年 4 月現在、**htmlwidgets** では以下のパッケージが公式サイトで紹介されている。**htmlwidgets** の公式サイトから各パッケージのサイトにアクセスできる。

パッケージ名	概要
Leaflet	地図データの可視化
dygraphs	時系列データの可視化
Plotly	Plotly[34] による D3 ベースのインタラクティブな各種可視化
rbokeh	Bokeh 可視化ライブラリ[35] の利用

---

[32] http://www.htmlwidgets.org/
[33] http://gallery.htmlwidgets.org/
[34] https://plot.ly/r/
[35] http://bokeh.pydata.org/en/latest/

パッケージ名	概要
Highcharter	Highcharts 可視化ライブラリ[36] の利用
visNetwork	vis.js[37] によるネットワークの可視化
networkD3	D3 ベースのネットワークの可視化
d3heatmap	D3 ベースのヒートマップ
DataTables	インタラクティブで高機能な表
threejs	3 次元データ可視化
rgl	3 次元データ可視化[38]
DiagrammeR	ダイアグラムとフローチャート
MetricsGraphics	MetricsGraphics.js 可視化ライブラリ[39] の利用

それぞれ、パッケージを使う前に個別にインストールが必要である。すべてのパッケージの内容、使用法を網羅して解説することは本書の範疇を超えるため、ここではいくつか代表的なものだけ抜粋して紹介する。これだけでも、インパクトは十分に伝わるだろう。

5.4.1 leaflet

Google マップのようなウェブ上の地図サービスでは、縮尺を変更したり、中心を移動したりといった操作ができることはご存知のとおりである。地図データの可視化を行っているなら、RStudio でもこうした機能が使えたら・・・、と思ったことだろう。

Yes, you can do it!

leaflet パッケージ[40] を使えば、インタラクティブに操作できる地図を使ったデータの可視化が可能である。しかも、簡単に。

図 5.7 の左には、N 市営地下鉄 T 線 Y 駅周辺の地図が表示され、C 大学 N キャンパスの場所にマーカーが置いてあり、そしてマーカーにテキスト注釈が付けられている。これを作成する R コードは以下のようなものだ。

```
library(leaflet) # 未インストールなら install.packages("leaflet")
m = leaflet()
m = addTiles(m)
m = addMarkers(m, lng=136.965316, lat=35.138038, popup="C 大学 N キャンパス")
m
```

なんと、たったこれだけである。もちろんこの地図は拡大縮小、移動が可能である。

---

[36] http://www.highcharts.com/ 商用利用にはライセンスが必要。
[37] http://visjs.org/
[38] **rglwidgets** パッケージとして開発されていたが、**rgl** パッケージに統合された。
[39] https://www.metricsgraphicsjs.org/
[40] http://rstudio.github.io/leaflet/

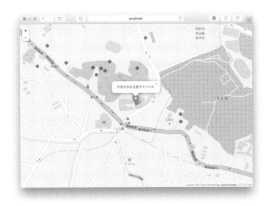
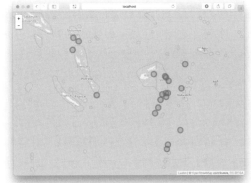

図 5.7 Leaflet による地図データの可視化

leaflet パッケージの基本的な使い方は次のとおりである。

1. `leaflet()` でマップウィジットを作成。
2. マップウィジットに対して、`addTiles()`、`addMarkers()`、`addPolygons()` などでさまざまなレイヤーを追加。
3. 2 を必要なだけ繰り返す。
4. `print()` でマップウィジットを表示。

leaflet は非常に高機能で、見た目を含めてさまざまなカスタマイズが可能である。ここでは再現可能なレポートにおけるデータ可視化という意味で重要そうな部分だけ紹介しよう。

データの可視化の場合は、`leaflet()` の data 引数でマップウィジットにデータフレームを渡しておくとよい。各レイヤーでは、座標 (lng、lat) やラベル (popup や label) などのパラメータを ~ **変数名**という形式で指定することで、データフレーム内の変数をパラメータに用いることができる。

次の例では quakes データセットの lat と long を座標として、また mag をラベルとして、マーカーのパラメータに指定している。

```
1  head(quakes)
```

```
1  ##      lat   long depth mag stations
2  ## 1 -20.42 181.62   562 4.8       41
3  ## 2 -20.62 181.03   650 4.2       15
4  ## 3 -26.00 184.10    42 5.4       43
5  ## 4 -17.97 181.66   626 4.1       19
6  ## 5 -20.42 181.96   649 4.0       11
7  ## 6 -19.68 184.31   195 4.0       12
```

```
1  m = leaflet(data = quakes[1:20,])
2  m = addTiles(m)
3  m = addCircleMarkers(m, ~long, ~lat, popup = ~as.character(mag),
4                       label = ~as.character(mag))
```

こうすることで、quakes の先頭 20 行のデータがマーカーとして追加される。図 5.7 右が作成された地図である。なお、ここでは、`addMarkers()` の代わりに `addCircleMarkers()` で円形のマーカーを置いている。

テキストによる注釈にはポップアップとラベルを使うことができる。ポップアップはマーカーや図形をマウスでクリックしたときに表示される。ラベルはマーカーや図形の上をマウスが通過したときに表示される。`addMarkers()` の `popup` 引数を指定すればポップアップ、`label` 引数を指定すればラベルを追加できる。

マーカー以外にも、`addPolygons()`、`addCircles()`、`addRectangles()` などに座標データを与えて線や図形のレイヤーを地図上に追加できる。地図のある領域をハイライトする、ある地点から別の地点を結ぶ線を追加するなど、自由に注釈を作成することができる。なお、これらの注釈の作成には **sp** パッケージや **sf** パッケージのデータを使うことができる。

このように、**leaflet** パッケージによる地図データ可視化の可能性は無限大だ。必要に応じて公式サイト[41]を参考にしてほしい。@kazutan 氏による詳しい解説[42]も参考になるだろう。

5.4.2 DiagrammeR

DiagrammeR パッケージ[43]を使うと、ダイアグラムやフローチャートを簡単に作成できる。

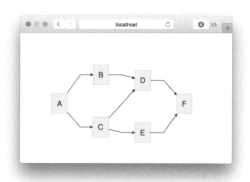 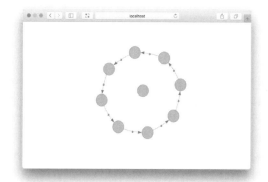

図 5.8　DiagrammeR によるネットワークグラフ

DiagrammeR パッケージでは、**Graphviz** と **mermaid** という 2 種類のダイアグラムをサポートしている。`grViz()` または `mermaid()` にダイアグラムの構造を記述するテキスト、または構造を記述したテキストファイルのパスを渡し、

---

[41] http://rstudio.github.io/leaflet/shapes.html
[42] https://kazutan.github.io/JapanR2015/leaflet_d.html
[43] http://rich-iannone.github.io/DiagrammeR/ ちなみに開発者はイケメンである。

各種オプションを指定すればよい。

　図5.8左は次のコードにより作成している。

```
library(DiagrammeR) # 未インストールなら install.packages("DiagrammeR")
mermaid("graph LR
  A-->B; A-->C; C-->E; B-->D;
  C-->D; D-->F; E-->F")
```

とても簡単で直感的である。

　上の例のようにダイアグラム構造をテキストやテキストファイルで直接記述する代わりに、エッジとノードの情報を持つデータフレームを作成して使うこともできる。データ解析では、こちらの方が役に立つ場面が多いだろう。

　DiagrammeRで利用するためのエッジとノードの情報を持ったデータフレームを作成するには、create_edge_df()やcreate_node_df()などで作成したエッジデータやノードデータを、create_graph()に渡してグラフオブジェクトを作成する。そしてrender_graph()でグラフを可視化すればよい。output引数でグラフのタイプの指定を行うこともできる。

```
edges = create_edge_df(from = c(1:8), to = c(2:8, 1), rel="a")
nodes = create_node_df(n = 9)
g = create_graph(nodes_df = nodes, edges_df = edges)
render_graph(g, output = "visNetwork")
```

このコードにより、図5.8右が作成される。

5.4.3 dygraphs

　dygraphsパッケージ[44]は、時系列データをいい感じに可視化してくれる。試しに動かしてみよう。

```
library(dygraphs) # 未インストールなら install.packages("dygraphs")
df = cbind(mdeaths, fdeaths)
g = dygraph(df)
g = dyRangeSelector(g, dateWindow = c("1920-01-01", "1960-01-01"))
g
```

　ビューアタブに時系列データが表示されたはずだ。マウス操作による可視化領域の変更や時系列上の値の表示など、時系列データを把握するために使える機能が満載である。

　基本的な使い方は次のとおりである。

1. dygraph()にデータ、軸ラベル、タイトルなどを渡して、グラフオブジェクトを作成する。
2. dy*()でオプション、軸の範囲、ハイライトなどを変更してグラフをカス

---

[44] http://rstudio.github.io/dygraphs/

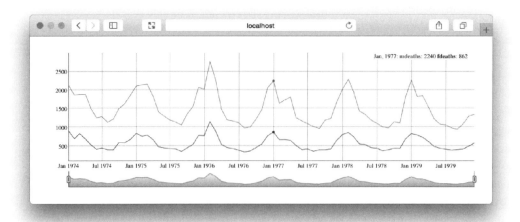

図 5.9　Dygraphs による時系列データの可視化

タマイズする。
3. `print()` で表示。

複数列のデータフレームをデータとして渡せば、複数の時系列を同じグラフで可視化できる。また、`dyCandlestick()` でいわゆるローソク足チャートとして可視化することができる。`dyRangeSelector()` により、データ範囲を選択するためのツールを追加できる。

この他にも時系列データの可視化と探索に役立つ便利な機能が数多く用意されている。詳しくは公式サイトを参考にしてほしい。

5.4.4　networkD3

networkD3 パッケージ[45]) によって、複雑なネットワークを美しく可視化できる。マウスでネットワークを操作したり、ノード情報を表示することも可能である。

次のような種類のネットワークグラフを作成できる。

- `simpleNetwork()`、`forceNetwork()`: 力学モデルによるネットワークグラフ (力指向アルゴリズム)
- `sankeyNetwork()`: 工程間の流量を表現するサンキー・ダイアグラム
- `radialNetwork()`、`diagonalNetwork()`、`chordNetwork()`: 木構造のネットワークグラフ
- `dendroNetwork()`: デンドログラム (樹形図のようなグラフ)

以下の例では、極めてシンプルなネットワークグラフを作成している。

[45)] http://christophergandrud.github.io/networkD3/

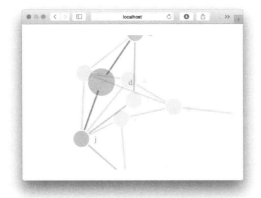 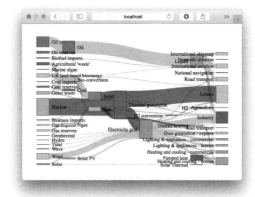

図 5.10 networkD3 によるネットワークグラフ。左はシンプルなネットワークグラフ、右はサンキー・ダイアグラム。

```
1  library(networkD3)   # 未インストールなら install.packages("networkD3")
2  src = letters[sample(10, 20, TRUE)]
3  tar = letters[sample(10, 20, TRUE)]
4  networkData = data.frame(src, tar)
5  simpleNetwork(networkData)
```

このコードにより、図 5.10 左が作成される。右のサンキーダイアグラムはオンラインヘルプ (?sankeyNetwork) のサンプルの実行結果である。

5.4.5 rbokeh

rbokeh パッケージ[46] により、bokeh 可視化ライブラリ[47] を R から使うことができる。**ggplot2** パッケージのようなレイヤー構造でグラフを記述していくので、**ggplot2** に慣れているユーザは親しみやすいだろう。

最初に figure() (地図データの場合は gmap()) でグラフオブジェクトを作成し、ly_*() で作成されるレイヤーを %>% 演算子で追加していく。例えば ly_points() なら点を、ly_lines() なら線をグラフに追加する、といった具合である。

grid_plot() により複数のグラフを並べることもできる。また、tool_*() により、さまざまなインタラクティブな動作を追加できる。

```
1  library(rbokeh) # 未インストールなら install.packages("rbokeh")
2  z = lm(dist ~ speed, data = cars)
3  p = figure(width = 600, height = 600) %>%
4    ly_points(cars, hover = cars) %>%
5    ly_lines(lowess(cars), legend = "lowess") %>%
6    ly_abline(z, type = 2, legend = "lm")
7  p
```

---

[46] http://hafen.github.io/rbokeh/
[47] http://bokeh.pydata.org/en/latest/

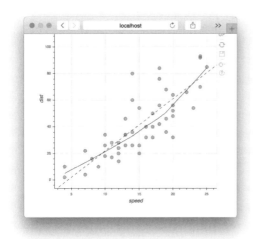 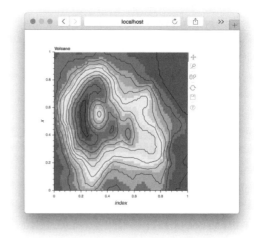

図 5.11　rbokeh による可視化

このコードにより、図 5.11 左が作成される。

5.4.6　plotly

plotly[48] はデータ可視化プラットフォームであり、JavaScript ベースの可視化ライブラリやオンラインのグラフ作成環境を提供している。**plotly** パッケージ[49] により、R から plotly をスムーズに使うことができる。

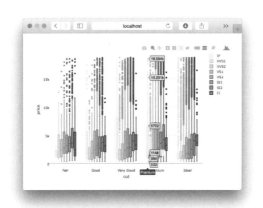 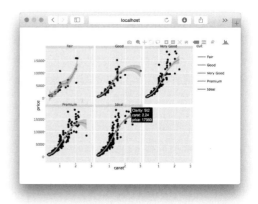

図 5.12　plotly による可視化

使い方はベースグラフィックスの `plot()` に近く、`plot_ly()` 関数にデータ、可視化の種類、オプションなどを渡せばよい。チートシート[50] が非常に役立つ。

---

[48] https://plot.ly/
[49] https://plot.ly/r/
[50] https://images.plot.ly/plotly-documentation/images/r_cheat_sheet.pdf

5.4 htmlwidgets によるインパクトのある可視化

```
library(plotly) # 未インストールなら install.packages("plotly")
p = plot_ly(ggplot2::diamonds[1:1000,], x = ~cut, y = ~price,
            color = ~clarity, type = "box") %>%
  layout(boxmode = "group")
p
```

このコードにより、図 5.12 左が作成される。

特筆すべきは、ggplotly() によって、**ggplot2** パッケージで作成したグラフを、そのままズドンと JavaScript ベースの可視化へ変換できることである。

```
library(ggplot2)
library(plotly) # 未インストールなら install.packages("plotly")

# ggplot2 のグラフを作成
d = diamonds[sample(nrow(diamonds), 1000), ]
p = ggplot(data = d, aes(x = carat, y = price)) +
  geom_point(aes(text = paste("Clarity:", clarity))) +
  geom_smooth(aes(colour = cut, fill = cut)) + facet_wrap(~ cut)

ggplotly(p) # 変換
```

これだけで、図 5.12 右のように、JavaScript ベースのインタラクティブな可視化が作成できる。**ggplot2** ユーザには神ツールといえるだろう。

5.4.7 rgl

rgl パッケージにより、OpenGL を利用した 3D 可視化を行うことができる。作成した 3D 可視化は、rglwidgets() によりウェブブラウザで表示できるようになる。これを使えば、HTML レポートで視点移動や拡大縮小などをサポートするインタラクティブな 3D 可視化が可能となる。

```
library(rgl) # 未インストールなら install.packages("rgl")
theta <- seq(0, 6*pi, len=100)
xyz <- cbind(sin(theta), cos(theta), theta)
lineid <- plot3d(xyz, type="l", alpha = 1:0,
                 lwd = 5, col = "blue")["data"]
rglwidget()
```

このコードにより、図 5.13 が作成される。マウスによる視点移動や拡大縮小などが可能であり、3次元データを直感的に把握するのに適している。

rgl パッケージについては『ドキュメント・プレゼンテーション生成』でも解説しているので参考にしてほしい。

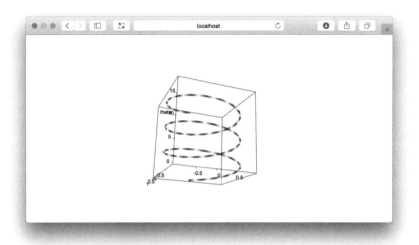

図 5.13　rgl による 3D 可視化

5.5　表を極める―正確さと効率の両立

グラフによる可視化は、視覚的にデータの概要を把握するには都合がよいが、正確な値を知りたい場合には不便である。**htmlwidgets** ベースのライブラリを利用した可視化により、マウスカーソルを近づけて値を表示することは可能ではあるが、効率が悪い。値を正確に認識するには、数値を直接参照できる「表 (テーブル)」を用いるのがよいだろう。

5.5.1　kable による手軽な表出力

R マークダウンで、キレイな表を最も手軽に出力する方法は **knitr** パッケージの kable() である。データフレームを kable() に渡せば、それなりの表を出力してくれる。

```
knitr::kable(head(mtcars, 5))
```

```
|                  | mpg| cyl| disp| hp| drat|    wt| qsec| vs| am| gear|carb|
|:-----------------|---:|---:|----:|--:|----:|-----:|----:|--:|--:|----:|---:|
|Mazda RX4         | 21.0|   6|  160| 110| 3.90| 2.620| 16.46|  0|  1|    4|   4|
|Mazda RX4 Wag     | 21.0|   6|  160| 110| 3.90| 2.875| 17.02|  0|  1|    4|   4|
|Datsun 710        | 22.8|   4|  108|  93| 3.85| 2.320| 18.61|  1|  1|    4|   1|
|Hornet 4 Drive    | 21.4|   6|  258| 110| 3.08| 3.215| 19.44|  1|  0|    3|   1|
|Hornet Sportabout | 18.7|   8|  360| 175| 3.15| 3.440| 17.02|  0|  0|    3|   2|
```

上の出力はkable()をコンソール上で実行した結果である。HTMLレポートならウェブページで表示できる表を、PDFレポートならLaTeX形式の表を、といった具合に、レポートの出力フォーマットに応じて適切な出力を行ってくれる。数行程度の表なら、何も考えずにkable()を使うのがよいだろう。

5.5.2 DTパッケージによる美しく高機能な表

データが大きい場合には、レポートやプレゼンでは表は使いづらい。場所をとるし、目的の値を探すことが困難だからである。どんなに正確な値が載っていたとしても、誰が100ページにもわたる表の中から目的の値を探そうとするだろうか。

この問題を避けるために、HTMLレポートやHTMLプレゼンでは、JavaScriptベースの表を使うことができる。JavaScriptベースの表では、スクロールにより一部のみを表示する（ので場所をとりすぎない）、特定の列でソートする、検索する、といった操作が可能である。正確さと効率の両立が実現されているというわけである。

htmlwidgetsベースの可視化ライブラリの一つである**DT**パッケージ[51]により、**DataTables**[52]というJavaScriptライブラリを使った表を作成できる。

使い方は超簡単で、datatable()にdata.frameやmatrixなどの行列形式のオブジェクトを渡すだけでよい。

```
1  library(DT)  # 未インストールなら install.packages("DT")
2  datatable(mtcars)
```

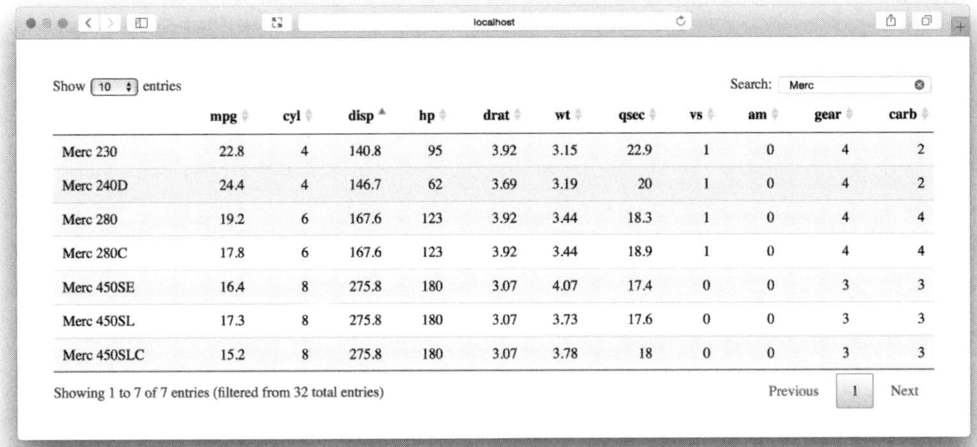

図5.14 DTパッケージによる表

上の例では、表にはmtcarsのすべてのデータが含まれているが、表示される

---
[51] http://rstudio.github.io/DT/
[52] https://datatables.net/

のはその一部なので、レポートやプレゼンなどで場所をとりすぎない。また、図 5.14 は右上の検索窓で「Merc」という単語を含む列を絞り込んで、`disp` 列をキーにソートしている。このように、例えばプレゼンの流れに応じて必要な部分を抽出して表示することなどが可能である。印刷した 100 枚もの紙の中から目的の場所を探してアタフタする必要はない。

`datatable()` ではさまざまなオプションを渡すこともできるが、大抵の場合はデフォルトで十分だろう。

正確さと効率が両立した表でボスにインパクトを与えて、ご褒美に寿司をおごってもらおう。

5.6 文献目録の作成

5.1.3 項の学術雑誌に特に関連するが、レポートや論文の中で言及する文献のリストを作成することがある。しかし、この作業は非常に面倒である。

プロの研究者なら LaTeX の BibTeX を利用したり、文献管理ソフト (例えば EndNote や最近だと Mendeley などが有名) の機能を使って Word ファイルの中に文献情報からリストを自動生成したりするだろう。

実は R マークダウン (実際には Pandoc の機能) でも、似たようなことができる[53]。文献目録機能を使うには次のような手順を踏む。

1. 文献データベースファイルを作成する。文献管理ソフトを使って作ることができる。
2. YAML メタデータの `bibliography` で文献データベースファイルを指定する。
3. 本文中に引用文献を記述する。引用文献は ID で指定する。

例えば次のような BibTeX ファイルと R マークダウンファイルを用意してみよう。まずは `bibliography.bib` という BibTeX ファイルである (ファイル名はなんでもよい)。

```
@Manual{rcore,
    title = {R: A Language and Environment for Statistical Computing},
    author = {R Core Team},
    organization = {R Foundation for Statistical Computing},
    address = {Vienna, Austria},
    year = {2017},
    url = {https://www.R-project.org/},
}
```

---

[53] http://rmarkdown.rstudio.com/authoring_bibliographies_and_citations.html

```
10  @book{xie2015dynamic,
11    title={Dynamic Documents with R and knitr},
12    author={Xie, Yihui},
13    volume={29},
14    year={2015},
15    publisher={CRC Press}
16  }
```

次にRマークダウンファイルである。YAMLヘッダの`bibliography`フィールドで用意したBibTeXファイルを指定する。

```
1  ---
2  title: "引用文献の文献目録を作成する"
3  output: html_document
4  bibliography: bibliography.bib
5  ---
6
7  RはRコアチームにより開発されている [@rcore]。
8  Rマークダウンのための書籍として、Xie Yihuiによる公式解説書が発行されている [@xie2015dynamic]。
9
10 ## 引用文献
```

このRマークダウンファイルからレポートを作成すると、図5.15のように引用文献の書式が整えられて、文献リストが自動的に生成される。

図5.15　文献目録の作成

なお、文献目録作成機能を使うには、**pandoc-citeproc**というPandocのアドインツールのインストールが必要な場合がある。

文献データベースファイルは、BibTeX以外にもEndNoteデータベース、RISフォーマットなどが利用できる。

また、文献データベースファイルを作成する代わりに、YAMLメタデータに`references`フィールドを作成して、文献情報を直接記述することもできる。文

献情報は次のように指定する。

```
##
## --- references:
## - id: xie2015dynamic
##   title: Dynamic Documents with R and knitr
##   author:
##   - family: Xie
##     given: Yihui
##   volume: 29
##   year: 2015
##   publisher: CRC Press
## ---
```

本文中に引用文献を記述する際の書式は次のとおりである。

- [@id] (角括弧の中に@とID) という形式が基本。
- [see @id, pp. 1-5] のように接頭辞 (see など) や接尾辞 (, pp. 1-5 など) を加えることもできる。
- 複数の文献を引用する場合は [@id1; @id2] のようにセミコロンで区切る。
- @の前に-を付けると著者名を抑制する。「Xie (2015) は・・・」のように記述したいときは、「Xie [-@xie2015dynamic] は・・・」とすればよい（「Xie []」を使わずに単に「@xie2015dynamic は・・・」としてもよい）。

引用スタイルはデフォルトではChicagoである。引用スタイルを変更するには適当なCSLファイルをダウンロードして、次のようにYAMLメタデータのcslフィールドでCSLファイル名を指定すればよい。

```
---
title: "引用文献の文献目録を作成する"
output: html_document
bibliography: bibliography.bib
csl: apa.csl
---
```

Chapter 6

再現可能性を高める

前章までに説明した再現可能なデータ解析とレポート作成の手法を実践すれば、再現可能性は大幅に高まるし、作業の効率も大幅に向上する。本章はその応用編として、バージョン管理システムやパッケージ環境の保存やRマークダウンの分割など、再現可能性を高める工夫を紹介する。この他にもRマークダウンでの作業効率をさらに上げる方法を紹介する。

6.1 バージョン管理システムによる解析プロジェクトの管理

大規模なソフトウェア開発では、間違いなくバージョン管理システム (VCS: Version Control System) が使われている。VCSとして、CVS、Subversion、Gitなどがよく知られているだろう。VCSとは、簡単に言えばコンピュータ上のファイルの変更履歴を記録しておいて、過去の状態の参照・復元を可能とするものである。VCSの使い方については、ウェブサイトや書籍が大量に出回っているので、ここでは説明は省略する。

実はVCSはデータ解析とレポート作成の再現可能性の向上にも大いに役立つ。以下のようなシナリオを考えてみよう。

ボスからデータが送られてきてデータ解析を指示されたので、解析してレポートを提出した。レポートはRマークダウンで作成したので、再現可能性は保たれている。たとえレポートをなくしたとしても、もう一度作成することは簡単である。

しばらくして、新しいデータ解析手法を学んだので、以前レポートを作成したときに使ったRマークダウンファイルに手を加えて、新しい手法でデータを解析してレポートを作成して提出したとしよう。ボスからは「グッジョブ」という返事が送られてきた。ここまではよいだろう。この新しいレポートも、再び作成することが可能である。再現可能性は保たれている。

ところが翌日、ボスから「前の解析結果のレポートをもう一度見たい。至急送ってくれ。」と連絡があった。さて困った。以前のレポート作成に使ったR

マークダウンファイルは新しい解析のために変更してしまった。以前のレポートファイルは新しいレポートファイルで上書きされてしまったので、レポートもない。

どうしようもないので、以前のデータ解析の内容を思い出して、もう一度その解析を行うためのRマークダウンを記述してレポートを作成することになる。しかし、作成したレポートが以前のものと同じである保証が全くない。

このように、データソースからデータ解析とレポート作成までをRマークダウンによって再現可能な形で行ったとしても、肝心のRマークダウンに変更があったら、再現可能性は容易に破綻する。

このようなシナリオは珍しいことではなく、以前作成したRマークダウンやRスクリプトに手を加える必要がある状況は大いに存在する。ではどうしたらよいだろうか？

よく聞くダメな解決策として、日付入りファイルの作成である。気づくとプロジェクト内に以下のようなファイルが大量にできているパターンである。

```
1  analyze-20170401.Rmd
2  analyze-20170404.Rmd
3  analyze-20170410.Rmd
4  ...
```

確かに、この中のどれかは、目当てのレポートを作成するRマークダウンファイルかもしれない。しかし、正しいものを発見できる保証はない。加えて、それぞれのファイルでどのような修正を行ったのか把握することは困難である。20170410版は20170401版を変更したものだろうか、それとも20170404版を変更したものだろうか。

この状態に陥ったプロジェクトの再現可能性は極めて低いと言わざるを得ない。

VCSを導入すれば変更履歴の管理と過去の状態の参照・復元が可能なので、このような状態をある程度回避することができる。

以上のシナリオ以外にも、データ解析やレポートの規模が大きくなってくると、人間の認知能力ではプロジェクト全体の変更を把握することは困難になってくる。また、チームで作業をしている場合なども、他のメンバーがどのファイルに対してどういう変更を行ったのか把握する必要があるだろう。

あくまで目安ではあるが、次のような場合にはVCSの導入を検討しよう。

- 解析コードやRマークダウンファイルにどのような変更を行ったのか、把握しておきたい。
- 昔の(変更前の)解析コードを使って、再解析やレポート生成したいことがある。
- チームで解析、レポートづくりを行っているので、他のメンバーによる変更を把握したい。

6.1.1 RStudio プロジェクトに Git を導入する

RStudio は VCS (Git と Subversion) の導入や操作をサポートする機能を備えている。本書では Git の利用を想定して説明する。また、RStudio プロジェクト機能 (3.3 節) を利用することも前提とする。

Git のインストールが別途必要なので、Git の公式サイト[1]からダウンロードしてインストールしよう。また、RStudio のグローバルオプション (7.1 節) の **Git/SVN** の中で、一番上の **Enable version control interface for RStudio projects** にチェックを入れ、Git の実行ファイルのパスを指定する。Github などを使うなら RSA キーの場所を指定することもできる。

さて、RStudio プロジェクトに Git を導入するには次のようなパターンがある。

1. 新しい RStudio プロジェクトを作成して、Git で管理する。
2. 既存の RStudio プロジェクトを Git で管理する。
3. 既存の Git リポジトリから RStudio プロジェクトを作成する。

新しい RStudio プロジェクトを Git で管理するには、RStudio プロジェクトを新規に作成する際 (3.3.2 項) に、プロジェクト名を入力するダイアログ (図 3.8) の中で **[Create a git repository]** にチェックを入れるだけでよい。プロジェクト作成後の RStudio のウィンドウで、右上のパネルに **Git** というタブが現れていれば OK である。

データ解析やレポート作成を行う RStudio プロジェクトがすでに作成してある場合でも、そのプロジェクトを Git で管理することは可能である。この場合、Git で管理を開始した以降の変更履歴のみが参照可能である。

既存の RStudio プロジェクトを Git で管理するには、プロジェクトオプション (3.3.5 項) の **Git/SVN** で **Version control system** を **(None)** から **Git** に変更しよう。Git の初期化 (プロジェクト内の既存のファイルは一切変更されないので安心してよい) を確認するダイアログが出てくるので、**[Yes]** をクリックする。すると RStudio の再起動を確認するダイアログが出てくるので、これも **[Yes]** をクリックする。RStudio が再起動した後、右上のパネルに **Git** というタブが現れていれば OK である。

なお、Git 上級者向けのトピックであるが、これらの方法で作成した Git リポジトリはローカルリポジトリとして管理されている (リモートリポジトリが設定されていない状態である)。リモートリポジトリを紐付けるには、リモートリポジトリを準備した上で、`git remote add` を実行しよう。

既存の Git リポジトリを RStudio プロジェクトとすることも簡単にできる。ローカルリポジトリの場合 (またはリモートリポジトリをクローンしたリポジ

---

[1] https://git-scm.com/downloads

トリがローカルにある場合) は、RStudio プロジェクトを作成する際 (3.3.2 項) に、プロジェクト作成ダイアログ (図 3.6) で **Existing Directory** を選んで、Git リポジトリになっているフォルダをプロジェクトフォルダとして選択すればよい。

リモートリポジトリから直接 RStudio プロジェクトを作成するには、プロジェクト作成ダイアログ (図 3.6) で **Version Control** を選択する。次の **Git** を選ぶと、リモートリポジトリの URL やプロジェクトフォルダの名前、場所を指定するダイアログになるので、適当な情報を入力して **Create Project** をクリックすればよい。

6.1.2 RStudio で Git を使う

RStudio には Git リポジトリを操作するための GUI が用意されている[2]。右上のパネルの **Git** タブ (図 6.1) では、変更があったファイルが表示されている他、`diff`、`commit`、`pull`、`push` などの基本操作が可能である。

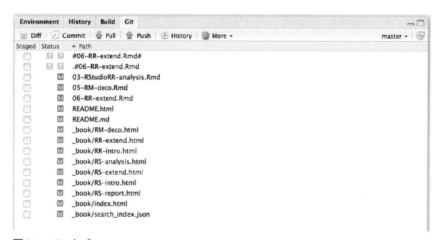

図 6.1　Git タブ

変更履歴や差分などは別ウィンドウで管理、操作できる (図 6.2)。

もちろんコマンドラインでの Git 操作に慣れていたり、お気に入りの Git 操作用 GUI クライアントがある場合は、これらの機能を使う必要はないが、RStudio 上で Git の管理、操作が可能なので作業しやすく便利である。

実際に筆者は本書を RStudio 上で執筆し (ただし文書編集は emacs)、VCS として Git を導入して、RStudio の Git 操作機能を使って管理、操作している。

---

[2] Git 操作・管理用の GUI は RStudio バージョン 1.1 でさらに改善されている。

図 6.2　Git 操作ウィンドウ

6.2　再現できる環境づくり: packrat 編

　同じ材料、同じレシピで作った料理でも、鍋や火などの環境によってできあがりが異なる。

　R スクリプトや R マークダウンの導入はデータ解析とレポート作成の再現可能性を高めてくれるが、「同じ環境において」という前提がある。再現可能性を破綻させる原因の一つが、データ解析やレポート作成に使われるパッケージ環境の違いである。

　R のパッケージには頻繁にアップデートされるものも多い。中には、バージョンアップによって動作が変わる場合もある。さらに言えば、バージョンアップによって既存のコードが動かなくなることさえある。

　したがってデータ解析やレポート作成を再現するためには、そのデータ解析やレポート作成を行ったパッケージ環境も含めて再現する必要がある。パッケージを更新しないという方法は、一つの解決策ではある。しかしこれでは、日々追加される新たな機能を使うことができないし、解析を実行したマシン以外では再現できないということになる。

よりよい解決策は、データ解析やレポート作成を実行したときのパッケージ環境を記録しておいて、いつでも再び構築できるようにすることである。例えば、インストールされたすべてのパッケージのバージョンを記録しておいて、再解析時にバージョン指定でインストールすれば、これは可能である。しかし、途方もなく面倒である。

packrat パッケージ[3] を使えば、このような面倒なパッケージ環境の記録と再構築を比較的簡単にできるようになる。**packrat** パッケージの導入には次のような利点があるだろう。

- 独立性: プロジェクト単位でパッケージ環境を管理できる。つまり、あるプロジェクトのパッケージ環境の更新は、別のプロジェクトのパッケージ環境に影響を与えない。
- 可搬性: パッケージ環境をあるマシンから別のマシンへ持ち運びできる。つまり世界中どのマシンでも同じパッケージ環境を構築できる[4]。
- 再現性: パッケージ環境にあるすべてのパッケージはバージョンまで含めて再現される。

6.2.1 最初の一歩

まずは **packrat** パッケージをインストールしよう。

```
1  install.packages("packrat")
```

また、以下の通りパッケージをビルドできる環境 (開発ツールと LaTeX 環境) を整えておく必要がある[5]。

- Mac OS X: App Store から XCode をインストールして、**[Preferences]** から **[Command Line Tools]** をインストールする。XCode 本体が不要なら、Apple Developer に登録して **[Command Line Tools for XCode]** をダウンロード、インストールしてもよい。MacTeX[6] もインストールしよう。
- Windows: CRAN から RTools をインストールする[7]。MiKTeX[8] もインストールしよう。

次にパッケージ環境を初期化する。ここでは、RStudio のプロジェクトを使うことを前提として説明する。プロジェクトを使わないと面倒なことがいろいろとあるので、必ずプロジェクトを使うようにしよう。すでに R スクリプトやデータファイルなどがある場合には、プロジェクトに関連するすべてのファイ

---

[3] http://rstudio.github.io/packrat/
[4] 残念ながらパッケージによってはプラットフォームにより動作が異なる場合もある。この場合には、パッケージ環境が同じでも動作の再現可能性までは保証できない。
[5] https://support.rstudio.com/hc/en-us/articles/200486498-Package-Development-Prerequisites
[6] http://www.tug.org/mactex/downloading.html
[7] https://cran.rstudio.com/bin/windows/Rtools/
[8] http://miktex.org/download

ルを一つのフォルダ (サブフォルダに分けてもよい) にまとめておこう。

packrat を導入するために、新しいフォルダでプロジェクトを作る場合 (3.3.2 項) は、プロジェクト名を指定するダイアログ (図 3.8) で **[Use packrat with this project]** にチェックを入れればよい。

既存のプロジェクトや、既存のフォルダからプロジェクトを作った場合には、プロジェクトフォルダで init() を実行しよう。なお、init() を実行した後は、R セッションを再起動する必要がある[9]。

```
1  packrat::init()
```

```
## Initializing packrat project in directory:
## - "~/**/**"
##
## Adding these packages to packrat:
##
##     MASS          7.3-47
##     RColorBrewer  1.1-2
##
## ... 略
##
## Installing rmarkdown (1.5) ...
##   OK (downloaded binary)
## Initialization complete!
##
## Restarting R session...
```

packrat::init() により、次のような処理が行われる。

1. プロジェクト内の R スクリプトや R マークダウンファイルを精査して、プロジェクト内で利用しているパッケージを検出する。
2. それぞれのパッケージのバージョン (最新バージョンではなく、現在使っているバージョン) のスナップショットを記録して、対応するバージョンのソースコードをダウンロードする (snapshot())。
3. プロジェクトフォルダの中に、そのプロジェクト用のパッケージを保存するためのプライベートリポジトリを作成する。
4. スナップショットが適用される (restore())。

なおデフォルトでは CRAN、BioConductor、GitHub 上のパッケージについては自動的にソースコードをダウンロードする。自作のパッケージを使っている場合は init() でパッケージが見つからないというエラーが起きるので、packrat::set_opts(local.repos = "<path_to_repo>") として、パッケージの場所を指定しよう。<path_to_repo> にはパッケージが入っているフォルダを指定する。

---
[9] init() が終わると自動的に再起動される場合もある。

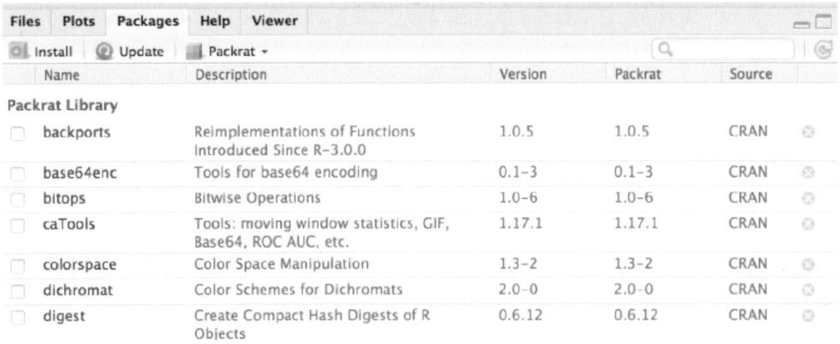
Files Plots Packages Help Viewer
Install Update Packrat
Name Description Version Packrat Source
Packrat Library
backports Reimplementations of Functions Introduced Since R-3.0.0 1.0.5 1.0.5 CRAN
base64enc Tools for base64 encoding 0.1-3 0.1-3 CRAN
bitops Bitwise Operations 1.0-6 1.0-6 CRAN
caTools Tools: moving window statistics, GIF, Base64, ROC AUC, etc. 1.17.1 1.17.1 CRAN
colorspace Color Space Manipulation 1.3-2 1.3-2 CRAN
dichromat Color Schemes for Dichromats 2.0-0 2.0-0 CRAN
digest Create Compact Hash Digests of R Objects 0.6.12 0.6.12 CRAN

図 6.3 パッケージタブで packrat の管理ができるようになる

プロジェクトに **packrat** を導入すると、RStudio のパッケージタブに **packrat** で記録されているバージョンも表示されるようになる (図 6.3)。また、パッケージオプションを設定するダイアログの中に **packrat** というタブが現れて、**packrat** の設定を行えるようになる。

6.2.2 パッケージ環境の記録

packrat を導入したプロジェクトでも、パッケージの更新や追加は通常通りに行うことができる。

```
install.packages("psych")
```

パッケージの更新や追加を行ったら、最新の情報を記録するために `snapshot()` を実行しよう。

```
packrat::snapshot()
```

```
## Adding these packages to packrat:
##             -
##     psych   1.7.5
##
## Snapshot written to '/Users/takahashi/Desktop/e01/packrat/packrat.lock'
```

以上の作業により、利用しているパッケージのバージョンを記録するだけでなく、対応するパッケージのソースコードがプロジェクトフォルダ内に保存される。パッケージ環境を再構築する際にはこのソースコードを使うことになる。

6.2.3 パッケージ環境の再構築

packrat の状態は `status()` で確認できる。

6.2 再現できる環境づくり: packrat編

```
1  packrat::status()
```

```
## Up to date.
```

このように表示されれば問題ない。

さて、例えば別のコンピュータで解析を行う場合やパッケージを削除してしまった場合、**packrat**が記録しているパッケージ環境と、現在のパッケージ環境が異なるということがあり得る。これが再現可能性の破綻の一因となるわけである。ここでは、あえてパッケージを一つ削除してみよう。

```
1  remove.packages("psych")
```

この段階で、RStudioのパッケージタブでは「Not installed」という表示になる。また、status()の結果は次のようになる。

```
1  packrat::status()
```

```
## The following packages are tracked by packrat, but are no longer available in the local
   library nor present in your code:
## 
##      psych    1.7.5
## 
## You can call packrat::snapshot() to remove these packages from the lockfile, or if you
   intend to use these packages, use packrat::restore() to restore them to your private
   library.
```

記録された環境と現在の環境の差分が検出されている。このとき、とるべきアクションは以下の二つのいずれかである。

1. 現在のパッケージ環境(つまり、パッケージの追加、更新、削除を行った後のパッケージ環境)を**packrat**に記録したいなら、snapshot()。
2. **packrat**の記録(つまり、パッケージの追加、更新、削除を行う前のパッケージ環境)からパッケージ環境を再構築したいなら、restore()。

パッケージの削除、更新、追加などが意図したもので、今後の解析の中でも現在のパッケージ環境を使いたい場合は、snapshot()で記録しよう。逆に、別のコンピュータに解析プロジェクトをコピーして解析を始めた、意図しない動作によってパッケージ環境がおかしくなった、誤ってパッケージを削除した、などという場合には、記録されたパッケージ環境をrestore()で再構築しよう。

```
1  packrat::restore()
```

```
## Installing psych (1.7.5) ...
##   OK (downloaded binary)
```

このように、以前に記録されたスナップショットの状態が復元される。

6.2.4 パッケージ環境の整理

パッケージの追加、更新、削除を繰り返していると、解析コードでは使っていないパッケージがパッケージ環境に残っていることがある。そのままでも問題はないが、パッケージ環境を共有するときなどには、必要最低限のパッケージ環境のみを共有した方がよいだろう。このような場合には、

```
packrat::clean()
```

として、不要なパッケージを削除した後に、

```
packrat::snapshot()
```

としてパッケージ環境を記録すればよい。

6.2.5 プロジェクトとパッケージ環境の共有

プロジェクトを他の環境で使う場合は、プロジェクトフォルダをごそっと移動させて動かせばよい。起動時に、インストールされていないパッケージやバージョンが違うパッケージを自動的に検出してくれる。

他人に配布する場合には、**packrat** パッケージの bundle() によって、プロジェクト環境をフォルダごと tar.gz 形式にまるごと固めてくれる。プロジェクトフォルダの中に bundle というフォルダが作られて、この中に projectname-2017-05-07.tar.gz というようなファイルができるので、これを配布すればよい。受け取ったら、適当な場所でこれを展開すれば (**packrat** パッケージの unbundle() で展開できる)、パッケージ環境も込みでプロジェクトフォルダが復元される。

6.3 パラメータ付き R マークダウン

R マークダウンではパラメータによってデータ解析とレポート作成の動作や状態を変更することができる。パラメータは R マークダウンのコードチャンクで利用することができる。

使い道としては、次のようなものが考えられる。

- 解析対象とするデータセットを切り替えたい。
- データの一部分だけを解析対象としたい。
- 複数の解析オプションを試したい。
- 乱数のシードを変えたい。

他にも、さまざまな応用方法があるかもしれない。

6.3.1　パラメータを利用する

RマークダウンでパラメータをつかうにはYAMLヘッダで params: フィールドを定義する必要がある。

```
---
title: "パラメタレポ"
output: html_document
params:
  vareq: TRUE
---
```

パラメータは params というリストオブジェクトを通してコードチャンクで使うことができる。

```{r}
t.test(rnorm(10), rnorm(10), var.eq = params$vareq)
```

YAMLの定義では vareq は TRUE なので、こうすることで等分散を仮定した t 検定が実行されるわけである。

パラメータ型には文字列、数値、真偽値などの他、先頭に !r を付けることで任意のRオブジェクトを使うことができる。例えば上の例でYAMLヘッダに

```
params:
  vareq: !r sample(c(TRUE, FALSE), 1)
```

のように定義すれば、sample() は TRUE か FALSE をランダムに返すので、等分散性を仮定するかどうかはレポートを生成してみるまでわからない[10]。

6.3.2　パラメータの値を指定する

パラメータの値をYAMLヘッダで直接指定してもよいが、それならセットアップチャンクでRオブジェクトを定義すればいいだけなのであまり意味はない。C言語の #DEFINE マクロ的に使えないわけではないが、あまり意味はない。実際にはパラメータの値はレポートを生成するときに指定することになる。

---

[10] つまりこのRマークダウン自体は、等分散性を仮定する状態と仮定しない状態が重なったものと考えることができる。Schrödinger's cat!!

これには rmarkdown パッケージの render() でパラメータを指定してレポートを生成する方法と、レポート生成時に GUI で指定する方法がある。

render() で指定するには、params 引数に名前付きリストを渡す。

```
1  rmarkdown::render("ttest-neq.Rmd", params = list(vareq = FALSE))
2  rmarkdown::render("ttest-eq.Rmd", params = list(vareq = TRUE))
```

この例では、vareq を FALSE に指定したレポートと TRUE にしたレポートの二つを作成している。同じデータ解析フローでさまざまなタイプのオプションを試したい場合や、異なるデータセットを解析して比較したい場合に役立つだろう。なお、この例はデータ解析としてはダメな例である。データ解析の方法をいろいろと試して一番よさそうな (仮説に合った、差が出そうな) 方法を採用するというのは、仮説検証型の確証的研究においては NG である[11]。

また、この方法を応用すれば、日々のレポート生成ルーチンを自動化することもできる。むしろ、レポート生成処理そのものを自動化して、データ解析フローの中にレポート生成処理を組み込んだときに、パラメータは威力を発揮する。

例えば、あるサーバが毎日ログファイルを書き出すことを考えよう。このような場合、パラメータとして日付を指定して、

```
1  date = Sys.Date() # 日付
2  rmarkdown::render(
3    "log-report.Rmd",
4    output_file = sprintf("log-report-%s.html", date), # 出力ファイル
5    params = list(target = date) # パラメータの指定
6  )
```

という R スクリプトを作っておいて、毎日このスクリプトを実行すれば、自動的にその日のログを解析対象としたレポートが生成される。cron のようなバッチ処理ツールを使えば、毎日実行する必要すらない。勝手に日々のレポートができている。output_file で出力ファイルを指定するところがポイントである。

レポート作成時にパラメータを GUI からインタラクティブに (つまり手で) 指定することもできる。当然ながらレポートの再現可能性は破綻するが、探索的なデータ解析には有効な場合もある。たとえばデータを持った顧客に対してデータ解析処理を記述した R マークダウンを配布して、解析に使うデータを顧客自身で指定してもらう、といったことも可能である。

インタラクティブにパラメータを指定するには、render() を呼び出す際に、引数 params = "ask" とするか、RStudio のエディタタブの [Knit] アイコンの右の ▼ をクリックして [Knit with Parameters] を選択すればよい。パラメータを指定する GUI が現れるので、入力して [Knit] アイコンをクリックすれば、GUI で指定したパラメータの値を使ったレポートが生成される。

---

[11] 探索的なデータ解析においてはこの限りではない場合もある。

このように、パラメータを使ったデータ解析とレポート作成は、解析ルーチンを繰り返す場合や、探索的にさまざまな状況を試したい場合に役立つだろう。

6.4 R以外の言語エンジンの利用

Pythonの機械学習ライブラリなど、ある処理系でしか使えないライブラリを使う必要がある場合など、どうしてもR以外の処理系を使わなければならないこともある。このようなときに、RマークダウンによってRでのデータ解析とレポート作成を自動化したとしても、別の処理系での処理やその結果をRで読み込む処理に手作業が入っていたら、解析ジョブ全体としての再現可能性は破綻する。再現可能性を保つには、別の処理系での処理をRマークダウンでのレポート作成処理の中に組み込む必要がある。

これにはいくつかの方法があるが (例えば3.4.3項の `system()` 系の関数を使う方法など)、Rマークダウンのコードチャンクではr以外のプログラミング言語をエンジンとして使うこともできる。主なエンジンとして次のようなものがサポートされている。

- Python
- SQL
- Bash
- Rcpp
- Stan
- JavaScript
- CSS

完全なリストは公式サイト[12]を参考にしてほしい。

エンジンを指定するには、チャンクヘッダの{r ...}のrを、対応するエンジン名で置き換えるだけでよい。次の例では、エンジンとしてPythonを使い、Python処理系のパスを指定している。パスを指定しなければシステムのデフォルトの処理系が使われる。

```
1  ```{python, engine.path="/Users/me/anaconda/bin/python"}
2  import sys
3  print sys.version
4  ```
```

なお、R以外のエンジンとデータをやり取りするには、ファイルを経由する必要がある。例えば、最初にRコードチャンクでデータをCSVとして書き出

---

[12] https://yihui.name/knitr/demo/engines/

し、それを次のPythonコードチャンクで読み込んで処理して結果を書き出し、さらに次のRコードチャンクで読み込んで可視化する、といった具合である。

たとえR以外の処理系を使うにしても、データの読み込みから解析、そしてレポートの作成までのすべてのステップをRマークダウンで支配すること、これが再現可能性を高める秘訣である。

6.5　外部のRマークダウンとRスクリプトの読み込み

　長大なレポートをたった一つのRマークダウンファイルにまとめると、全体の見通しが悪くなることもある。この場合には、レポートをいくつかのRマークダウンファイルに分割して記述したり、複雑な解析コードをRスクリプトに記述して読み込んだり、といったことが有効である。

　別のRマークダウンを読み込むには、4.3.4項で紹介したように、空のコードチャンクを用意して、チャンクオプション child にそのRマークダウンのパスを指定すればよい。

　外部Rスクリプトを読み込むにはいくつかの方法がある。次の例を見てみよう。

　まずは親となるRマークダウン。

```
---
title: "Rマークダウン分割"
output: html_document
---

## 外部Rスクリプトの読み込み (`source`)

```{r echo=FALSE}
source("ext-fun-01.R")
sumN(5)
```

外部Rスクリプトの読み込み (`read_chunk`)

```{r include=FALSE}
knitr::read_chunk("ext-fun-02.R", labels = "ext-fun")
```

```{r ext-fun, include=FALSE}
```

```{r echo=FALSE}
# 外部Rスクリプトで定義した関数を使ってみる
```
```

6.5 外部のRマークダウンとRスクリプトの読み込み

```
24  prodN(5)
25  ```
26
27  このような方法でRスクリプトをコードチャンクとして読み込むこともできる。
28
29  ```{r code = readLines("ext-fun-02.R"), echo=TRUE}
30  ```
```

続いて、読み込むRスクリプトファイル (ext-fun-01.R と ext-fun-02.R)。

```
1  # 1:Nまでの和を返す関数
2  sumN = function(N) sum(1:N)
```

```
1  # 1:Nまでの積を返す関数
2  prodN = function(N) prod(1:N)
```

　単純にあるコードチャンクの中でそのスクリプトを実行したい場合は、上の例の最初にあるように source() を使えばよいだろう。ext-fun-01.R の内容が評価されて、sumN() を参照できるようになる。

　knitr パッケージの read_chunk() を使うと、Rスクリプトの内容をコードチャンクの中のコードとして使うことができる。まず read_chunk() の label 引数でラベルを指定してRスクリプトを読み込む。次に、チャンクラベルにそのラベルを指定してコードチャンク (上の例では ext-fun というコードチャンク) を記述する。こうすることで、ext-fun というコードチャンクの内容が ext-fun-01.R というRスクリプトの中身で置き換えられる。

　別の方法として、チャンクオプション code に readLine("path-to-rscript.R") を指定することもできる。path-to-rscript.R というRスクリプトファイルの内容がこのコードチャンクの内容となる。

　read_chunk() では、一つのRスクリプトの中から複数のコードチャンクを作ることも可能である。これには、Rスクリプトの中で次のように # ---- label ---- という書式でラベルを指定する。そしてRマークダウンファイルでは、read_chunk() でこのRスクリプトファイルを読み込んだ後に、hoge1 や hoge2 というチャンクラベルのコードチャンクを記述すれば、その内容がRスクリプトの該当箇所の内容となる。以下の例を示しておこう。

　Rスクリプト (ext-fun-03.R) は次のとおり。

```
1  ## ---- hoge1 ----
2  cat("hoge1")
3
4  ## ---- hoge2 ----
5  cat("hoge2")
```

　Rマークダウンファイルは次のとおり。

```
 1  ---
 2  title: "Rスクリプトの読み込み"
 3  output: html_document
 4  ---
 5
 6  ```{r include=FALSE}
 7  knitr::read_chunk("ext-fun-03.R")
 8  ```
 9
10  ```{r hoge1}
11  ```
12
13  ```{r hoge2}
14  ```
```

Rマークダウンの分割や外部Rスクリプトの読み込みは、うまく使うとレポート執筆の効率が上がり、またデータ解析の再利用を行うことができるようになる。しかし、適当にやると何がどこで読み込まれているのかわからなくなり、手がつけられなくなってしまう可能性もあるので注意しよう。

なお、Windowsで外部ファイルを読み込む場合、文字コードに気をつける必要がある。本書ではすべてのファイルの文字コードがUTF-8であることを前提としているが、Rに付属の関数の場合は、Windowsのデフォルトの動作では文字コードをCP932として処理する。したがって、`readLines("ext-fun-02.R")`などは、`readLines(file("ext-fun-02.R", encoding = "utf-8"))`とする必要がある。

6.6　Rマークダウンで後ろ向き参照

レポートの先頭にそのレポートの概要を記述するときや論文でアブストラクトを記述するときなど、レポートの中のコードチャンクの実行結果を参照したい場合がある。Rマークダウンではマークダウンファイルの先頭から順番に処理されるため、単純な方法では、そのコードチャンクがある場所より後ろのコードチャンクの実行結果を参照することはできない。この問題を対処するために、参照する必要のあるコードチャンクのキャッシュ(4.3.4項)を有効にして、**knitr**の`load_cache()`によりキャッシュを先読みして使うことができる。

`load_cache()`の最初の引数には参照するコードチャンクのチャンクラベルを、2番目の引数には参照するオブジェクト名を指定する。例えば以下のようなRマークダウンファイルを用意して、レポートを作成してみよう。エディタのツールバーの**[Knit]**アイコンをクリックすればよい。

```
---
title: "キャッシュ先読み"
output: html_document
---

# Abstract

本研究では生命、宇宙、そして万物についての究極の疑問の答えを求めた。
その結果、答えは`r knitr::load_cache("calc", "x")`であった。

## 難解なデータ解析

```{r calc, cache=TRUE}
x = 6^1+6^2
```
```

最初に作成したときには、NOT AVAILABLEと表示されるはずである。これは、初めてレポートを作成するときにはまだキャッシュが作成されていないためである。もう一度同じようにレポートを作成してみよう。今度は、図6.4のように42という値が表示されたことだろう。

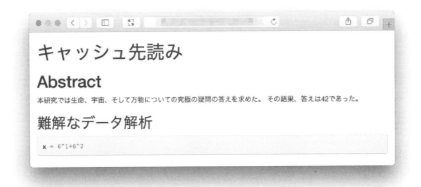

図6.4　後ろ向き参照の例

このように、キャッシュを読み込むことで、後ろで実行するコードチャンクの結果を参照することができる。なお、この機能を使う場合には、コードチャンクを変更したら必ず2回、レポートの作成を実行することを忘れないように。そうしないと、変更前の実行結果のキャッシュが読み込まれることになる。

Chapter 7

RStudio を使いこなす

第 2 章では RStudio の基本的な機能や操作方法を解説した。第 3 章と第 4 章では、RStudio を利用した再現可能なデータ解析とレポート生成について説明した。ここまでの説明に目を通せば再現可能なデータ解析とレポート生成は十分に実践できるはずである。

しかし RStudio には、これまで紹介した他にも、コードの編集や実行を効率的に行うためのさまざまな機能が搭載されている。本章ではこれらの機能に触れていこう。

7.1 RStudio のオプション

RStudio の動作は、グローバルオプションの設定により細かくカスタマイズできる。オプション設定用のダイアログは、メニューバーの **[Tools]**-**[Global Options...]** から開く (図 7.1)。

カスタマイズできる機能が多すぎて、すべてを紹介することはできないので、ここでは、簡単に各項目の内容を紹介しておこう[1]。なお、現在のところ設定項目の説明などはすべて英語である。

[General] その名のとおり、一般的な設定。**[Default working ...]** は、プロジェクト機能を使っていない場合に、RStudio を起動した際の作業フォルダを指定する。これにはわかりやすいフォルダを指定しておいた方がよいだろう。その他に、起動時に前回開いたプロジェクトを開くか、ワークスペース (.RData ファイル) を読み込むか、などの指定が可能である。

[Code] エディタタブでのコード編集の動作を設定できる。中にはさらにタブがあり、**[Editing]** はタブ幅やキーバインド (Vim や Emacs 対応)、閉じ括弧や閉じ引用符の自動挿入、コードスニペット (7.3 節) の設定。**[Display]** タブは見た目 (ハイライトの有無やカーソル点滅など) の設定。**[Saving]**

---

[1] RStudio 1.1 ではターミナル操作機能の追加に伴い、**[Terminal]** という項目が追加されている。

図 7.1　RStudio のオプショントップページ

タブはファイル保存時の動作の設定。**[Completion]** はコード補完に関する設定。**[Diagnostics]** はコード診断に関する設定。デフォルトのままでも困ることはないだろう。

[Appearance]　フォントやエディタテーマの設定。背景画像を指定することは残念ながらできない。

[Pane Layout]　パネルのレイアウト。ウィンドウは4分割されているが、どのタブをどこに表示するか設定できる。特に理由がない限りデフォルトのままでよいだろう。

[Packages]　パッケージ管理とパッケージ開発の設定。これもデフォルトでよいだろう。

[R Markdown]　Rマークダウンの編集や生成についての設定。デフォルトで問題ない。

[Sweave]　LaTeX ベースのレポート生成システムである。本書では触れないので、詳しくは『ドキュメント・プレゼンテーション生成』を参考にしてほしい。

[Spelling]　スペルチェックに関する設定。日本語の場合は使えない。

[Git/SVN]　バージョン管理システム (VCS) に関する設定 (6.1 節)。実行ファイルのパスや RSA キーをここで設定できる。

[**Publising**] レポートやアプリケーションの公開に関する設定。RStudio が提供する shinyapps.io や RStudio Connect のアカウント管理などを行うことができる。

以上、簡単に眺めたが、デフォルトのまま使っていても特に問題はない。

7.2 コード補完機能

RStudio を利用しているとすぐに気づくことだが、RStudio のエディタやコンソールでは、コード補完 (オートコンプリート) 機能が利用できる[2]。コード補完によって、オブジェクト名や関数名などの先頭の数文字を入力するだけで、利用可能なオブジェクトや関数などのリストが表示されて、その中から適切なオブジェクトや関数などを選択することが可能になる。オブジェクトや関数の名前が長いときに、わざわざすべて調べて入力する必要がなくなるため、コード編集の時間を大幅に削減し、なおかつスペルミスなどの間違いを減らすことができる。

デフォルトの設定ではコード補完は自動でオンになっている。エディタやコンソールに何文字か (デフォルトでは 3 文字以上) 入力して、少し (デフォルトでは 250 ミリ秒) 間をおくと、利用可能なオブジェクトが存在するときには候補が表示される (図 7.2)。また、Tab キーを押すことによっても補完候補を表示することができる。

図 7.2　コード補完

補完候補が表示されたら、上下キーで候補を選択して Tab キーまたは Return キーを押して補完を確定するか、さらに入力を続けて候補を絞り込んでいく。補完候補のオブジェクトや関数にオンラインヘルプがある場合には、選択中に **[F1]** キーを押せばヘルプが表示される。

主に以下のようなものが補完の対象となる。ここに挙げた以外にも補完の対象となるものがあるかもしれないので、RStudio でコードを編集する際は、困ったらまずは Tab キーを押してみるとよいだろう。

---

[2] https://support.rstudio.com/hc/en-us/articles/205273297-Code-Completion

- 関数名やオブジェクト名。名前の右端の{...}は、そのオブジェクトや関数を提供しているパッケージを表している。
- 関数の引数。関数の後の括弧内では、引数が補完候補として表示される。その引数に対するヘルプも表示される (図 7.3)。
- リストやデータフレームの要素。試しに iris$ としてみよう。iris データフレーム内の変数名 (列の名前) が補完候補として表示される。
- パッケージ名。パッケージ名も補完の対象となる。通常の入力時に gri とすれば grid:: というパッケージ名の候補が表示される。また library() や require() の引数を入力する際には補完候補としてパッケージ名が表示される。
- ファイル名やフォルダ名。文字列入力の途中には、作業フォルダ内のファイル名やフォルダ名が補完候補として表示される。
- チャンクオプション。R マークダウンを編集している場合、チャンクヘッダではチャンクオプションの候補が表示される。

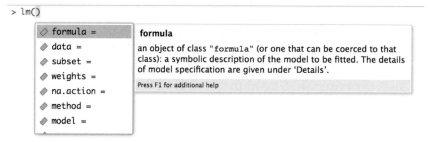

図 7.3　関数の引数の補完

なお、RStudio のオプション (7.1 節) の **[Code]-[Completion]** では、コード補完に関するさまざまな動作を設定できる。RStudio Advent Calendar 2016 に投稿された @kazutan による詳しい解説[3] も参考になるだろう。

7.3　コードスニペット

コード補完と似ているが、RStudio のエディタではコードスニペット[4] という機能を使うことができる。コードスニペットを使うと、あらかじめ登録しておいたコード片のテンプレートを再利用することができる[5]。最初からいくつかのスニペットが登録されている。スニペットの内容は RStudio のオプション (7.1 節) の **[Code]-[Editing]** の下の方の **Snippets** から編集できる。

関数を定義するための fun というスニペットの動作を見てみよう。

---

[3] http://qiita.com/kazutan/items/4be49fbacb8c3d6c0f44
[4] 断片、切れ端という意味である。
[5] https://support.rstudio.com/hc/en-us/articles/204463668-Code-Snippets

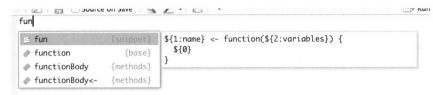

図 7.4 スニペットの動作。補完候補が表示されたところ。

図 7.5 スニペットの動作。スニペットを確定したところ。

　エディタで fun と入力して Tab キーを押すと、図 7.4 のように補完候補に fun {snippet}というスニペットが表示される。これを選択して、再度 Tab キーを押すと、図 7.5 のように関数定義のひな形が挿入される。スニペットには、書き換えが必要な箇所が指定されている。fun の場合は、まずは関数名 (name) が選択された状態になる。この状態で、適当な関数名を入力して、再度 Tab キーを押してみよう。今度は引数 (variable) が選択された状態になる。適当な引数名やデフォルト引数などを入力して再び Tab キーを押せば、関数本体にカーソルが移動する。

　このように、コード片のひな形に加えて、編集の動作も指定できるので、定型句などを登録しておけば、コード編集の時間を削減できる。R マークダウンの編集時にもコードスニペットを使うことができる。ただし、コードチャンクの外側でコードスニペットを使うには Shift+Tab キーを押す必要がある。例えば r とだけ入力して Shift+Tab を押すと、コードチャンクのテンプレートが挿入される。

　コードスニペットについては、コード補完と同じく、RStudio Advent Calendar 2016 に投稿された @kazutan による詳しい解説[6] も参考になるだろう。

7.4　コードの診断

　RStudio には、間違っている可能性が高いコードについて警告を表示するコード診断機能がある[7]。主な診断の内容は次のとおりである。

- 文法ミス。
- 関数の引数に過不足がある。
- 定義されていないオブジェクトを使っている。
- 定義しているが使っていないオブジェクトがある。

---

[6] http://qiita.com/kazutan/items/4be49fbacb8c3d6c0f44
[7] https://support.rstudio.com/hc/en-us/articles/205753617-Code-Diagnostics。R だけでなく他のプログラミング言語のコード診断も可能である。

- スタイルが気に食わない (スタイルガイド[8] に合致していない)。

RStudio のオプション (7.1 節) の **[Code]-[Diagnostics]** でコード診断の設定を行うことができる。R のコード診断を有効にするには、**[R Diagnostics]** のすべての項目にチェックを入れるといいだろう。

試しにエディタに変なコードを書いて保存してみよう。エディタタブのツールバーのステッキアイコンから、**[Show Diagnostics]** としてもよい。

コード診断が実行されると、図 7.6 のように、おかしな場所に赤や黄色の波線が付けられ、該当する行に警告マークが表示される。警告マークにマウスを近づけると、診断の内容が表示される。

図 7.6 コードに対する診断結果

また、図 7.7 のようにコンソールタブの横に **[Markers]** タブが現れ、その中に診断結果の一覧が表示される。

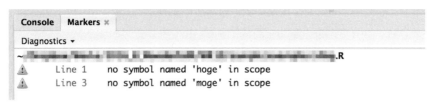

図 7.7 Markers タブでの診断結果の表示

プロジェクト機能 (3.3 節) を使っている場合、プロジェクト単位でのコード診断の実行も可能である。魔法の杖アイコン、またはメニューバーの **[Code]** から **[Show Diagnostics (Project)]** としてみよう。プロジェクト内の R スクリプトファイルに対してコード診断を実行し、結果が **[Markers]** タブに表示される。

7.4.1 プロファイル

RStudio には、コードを実行したときに、それぞれのコマンドを処理するのに要した時間を計測したり、作成したオブジェクトのメモリ利用量を調べたりするためのプロファイル機能がある[9]。プロファイル自体は **profvis** パッケージによって行われる。RStudio ではプロファイリングを簡単に実行して、結果を可視化することが可能である。

プロファイリングを実行するには、メニューから **[Profile]-[Start Profiling]**

---

[8] http://adv-r.had.co.nz/Style.html

[9] https://support.rstudio.com/hc/en-us/articles/218221837-Profiling-with-RStudio

とし、適当にコードを実行すればよい。終わったらコンソールタブの上、またはメニューの **[Profile]** にある **[Stop Profiling]** をクリックしよう。

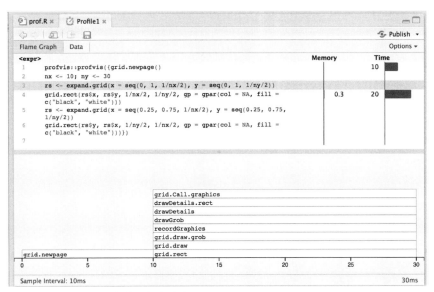

図7.8　プロファイル結果の表示画面

すると、実行したコードのプロファイリング結果が **[Profile1]** などのタブに表示される (図7.8)。上には **[Flame Graph]**[10] と **[Data]** というタブ、下にはタイムラインのようなものが表示される。**[Flame Graph]** タブでは、Rスクリプトファイルに対してプロファイリングを実行した際に、それぞれの行で要した処理時間とメモリ消費量が表示される。**[Data]** タブでは、プロファイル中に作成されたオブジェクトの構造と、各オブジェクトのメモリ消費量が示される。

下のタイムラインには、関数呼び出しの履歴と実行時間、メモリ消費量などが時系列として表示される。関数名にマウスカーソルを重ねると、さらに詳細な情報が現れる。

Rスクリプトや Rマークダウン (第4章) の場合、ファイル内のコードすべてを対象とするのではなく、一部のみを対象としてプロファイルを実行することもできる。エディタタブでRスクリプトやRマークダウンファイルを開き、一部を選択して、メニューから **[Profile]-[Profile Selected Line(s)]** とすればよい。

プロファイル機能については RStudio Advent Calendar 2016 に投稿された詳しい解説[11] も参考になるだろう。

---

[10] おそらく **[Frame Graph]** の間違いだと思われる。
[11] http://qiita.com/masato_t/items/d4f16a14548f133e6c32

7.5 RStudio によるデバッグ

　コードを書いたとしても、すぐに正しく動作する保証はない。コードを完成させる過程では、書いたコードを動かしてみて間違いを見つけ出し修正するというデバッグ作業が不可欠である。生 R では、debug()、browser()、trace() など、コード実行時の動作を検証するためのデバッグ関数が用意されている。RStudio でデバッグする際にも基本的にはこれらのデバッグ関数を使うことになるが、RStudio には GUI ベースのブレークポイントや変数ウォッチなど、デバッグを支援する機能が搭載されている。

　デバッグするためには、まずデバッグモードに入る必要がある。

　デバッグモードに入るにはいくつかの方法がある。

1. RStudio のブレークポイントを使う (R スクリプトの場合) → 7.5.1 項
2. 生 R のデバッグ関数 (browser() や debug()) を使う → 7.5.2 項、7.5.3 項
3. エラーが起きたときにデバッグモードに入るようにする → 7.5.4 項

7.5.1 ブレークポイント

　RStudio で手軽にデバッグモードに入るには、エディタタブでブレークポイントを設定しよう。ブレークポイントが設定されると、R スクリプトの実行時にその行に到達すると、処理が一時停止してデバッグモードに入る。なお、ブレークポイントを設定するためには、その R スクリプトファイルを保存しておく必要がある。

　R スクリプトの場合には行番号のすぐ左をクリックするとブレークポイントが設定されて、赤い丸印が表示される (図 7.9)。赤い丸印を再度クリックすると、ブレークポイントが解除される。または、メニューの **[Debug]-[Toggle Breakpoint]** でカーソルのある行にブレークポイントを設定・解除してもよい。なお、R スクリプトの編集後に一度もそのスクリプトを実行していない場合にはデバッグモードとスクリプトの連携がうまくいかない場合があるので、RStudio のデバッグ支援機能を有効活用するには、R スクリプトを編集したら必ず source() を実行するようにしよう。エディタタブのツールバーの **[Source]** アイコンをクリックすればよい。

　ツールバーの **[Source]** アイコンをクリックする、source() を呼び出すなどして、ブレークポイントが設定された R スクリプトを実行するとデバッグモードに入る。また、ブレークポイントが設定された関数をコンソールから呼び出した場合 (図 7.9 の例では、コンソールで f(1,2) などを実行した場合) にも同様

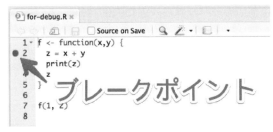

図 7.9 ブレークポイントの設定

にデバッグモードに入る。

なお、R マークダウンの場合はブレークポイントが設定できないので、次節で説明するように、ブレークモードに入りたい場所に browser() を挿入するとよいだろう。

7.5.2 条件付きデバッグ

条件付きのブレークポイントなど、高度なデバッグを実施したい場合には生 R のデバッグ用関数を直接使おう。コードの中に browser() を挿入すると、任意の場所に対してブレークポイントを設定して、その箇所が評価された際にデバッグモードに入ることができる。例えば次の関数の場合、round(ret) の値が 3 となるときのみデバッグモードに入る。

```
f = function() {
  for (i in 1:10) {
    ret = round(mean(1:i))
    if (round(ret) == 3) browser()
  }
}
```

7.5.3 関数単位のデバッグ

ある関数が呼び出されたときにデバッグモードに入りたいときには、debug() や debugonce() を使って関数をデバッグ対象として登録するのもよいだろう。例えば mean() が呼び出されたときにデバッグモードに入りたい場合は、debug(mean) とすればよい。デバッグを終えたら、undebug(mean) によって関数をデバッグ対象から外すことができる。

7.5.4 エラー時のデバッグ

エラーが起こったときにデバッグモードに入るようにするには、メニューの **[Debug]-[On Error]** を **[Break in Code]** に設定すればよい。なお、RStudio はエラーの原因が、ユーザが書いたコードにあるときに限ってデバッグモード

に入ろうとするので、場合によってはエラーが起きてもデバッグモードに入らないかもしれない。このような場合には、RStudioのオプション(7.1節)の**[General]**の**[Use debug error handler only when my code contains errors]**という項目のチェックを外すようにしよう。

またのようにRのグローバルオプションのerrorを設定すれば、あらゆるエラーでデバッグモードに入るようになる。

```
1  options(error = browser())
```

7.5.5 デバッグモード

デバッグモードに入ると、コンソールのプロンプト表示がBrowse[1]>のようになり、RStudioのデバッグ支援機能が使えるようになる。

環境タブの上側には、デバッグモードに入った時点で利用できる変数のリストと値が表示される(図7.10)。

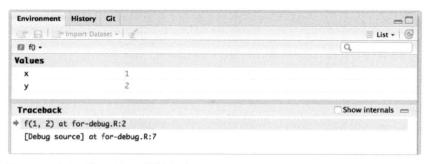

図7.10 デバッグモードでの環境タブ

例えば関数内でデバッグモードに入ったら、その関数の中で利用できる変数のリストが表示される。なお、変数リストの上の関数名の横の**[▼]**をクリックすると、オブジェクトを検索するための環境のリストが表示される[12]。

環境タブの下側の**Traceback**には、デバッグモードに入った時点での関数呼び出しスタック(コールスタック)が表示される。コールスタックの中のアイテムをクリックすることで、その呼び出し時点での変数のリストを確認することができる。

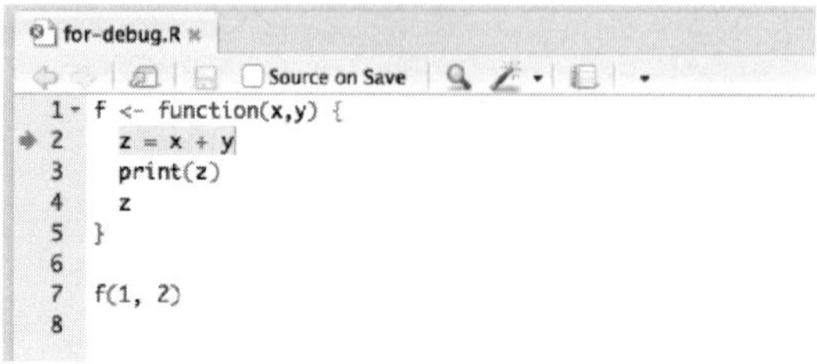

図7.11 デバッグモードでのエディタタブ

---

[12] オブジェクト検索の環境については本書の範疇を超えるため、詳細は割愛する。

7.5 RStudio によるデバッグ

デバッグモードに入っていると、エディタタブでは、次に実行される行がハイライトされて表示される (図 7.11)。デバッグ箇所に対応する R スクリプトが存在しない場合 (例えば debug() でデバッグモードに入ったときなど) には、エディタタブに候補となるコード (多くの場合、該当する関数のソースコード) が表示される。

図 7.12　デバッグモードでのコンソールタブ

コンソールタブでもデバッグモードではデバッグ用の操作が可能となる (図 7.12)。デバッグモードに入ると、コンソールのプロンプトが

```
Browse[1]>
```

という表記に変わる。また、ツールバーにはデバッグ用のツールが表示される。①はステップオーバー (次の行に進む)、②はステップイン (次が関数呼び出しの場合に、その関数の中に入ってデバッグを行う)、③がステップアウト (現在デバッグ中の関数やループを抜ける)、その右の **[▶Contiune]** は次のブレークポイントまで進む、さらに右の **[■ Stop]** はデバッグの終了である。

コマンドで操作する場合には、操作方法は生 R と同じで次のとおりである (?browser とするとコマンドのヘルプが表示される)。

コマンド	説明
s / Return	次の行に進む
s	ステップイン
f	ステップアウト
c	次のブレークポイントまで進む
Q	デバッグモードの終了

7.5.6　R マークダウンファイルのデバッグ

R マークダウンファイルでのデバッグには次のような注意が必要である。

1. R マークダウンのコードチャンクではブレークポイントは使えないので、コードの中に browser() を挿入する必要がある。
2. **[Knit]** アイコンでレポート生成を実行すると、デバッグモードに入ることができないので、コンソールから rmarkdown::render("*.Rmd") を呼び出

す必要がある。

　ある程度まとまった段階でRマークダウンファイルをデバッグしたい場合は、`knitr::purl()` (4.8.1項) によりRマークダウンをRスクリプトに変換してからデバッグすることを検討するのもよいだろう。ただし、この場合にはRスクリプトを修正した後にRマークダウンファイルを同じように修正するという作業が必要である。

　RStudioでのRマークダウンのデバッグ機能については、今後のサポートの追加を待ちたい。

付録 A　マークダウン記法

マークダウン記法にはさまざまな方言があるが、Rマークダウンでは Pandoc マークダウン[1] を用いる。

R Markdown Cheat Sheet[2] も参考になるだろう。

また、RStudio のメニューバーから **[Help]-[Markdown Quick Reference]** とすれば、ヘルプタブにマークダウン記法の説明が表示される。この付録で紹介する内容は、これを日本語に翻訳したものである。

文字列強調

```
*斜体*    **太字**
_斜体_    __太字__
```

見出し

```
# 第1レベル

## 第2レベル

### 第3レベル
```

リスト

番号なしリスト

```
* Item 1
* Item 2
    + Item 2a
    + Item 2b
```

---

[1] https://pandoc.org/MANUAL.html
[2] https://www.rstudio.com/wp-content/uploads/2016/03/rmarkdown-cheatsheet-2.0.pdf (日本語版は https://www.rstudio.com/wp-content/uploads/2016/11/Rmarkdown-cheatsheet-2.0_ja.pdf)

番号付きリスト(先頭の数字から始まる。先頭以外の数字は何でもよい。)

```
1  1. Item 1
2  2. Item 2
3  3. Item 3
4      + Item 3a
5      + Item 3b
```

改行

行の末尾に連続 2 個以上の半角スペースがあれば、強制改行される。

```
1  Rは
2  楽しい
```

リンク

アドレスとして認識できるものは自動的にリンクになる。[]() 形式で明示することもできる。

```
1  http://example.com
2  [ほげほげはこちら](http://hogehoge.com)
```

画像

ウェブ上の画像やコンピュータ内の画像を指定できる。

```
1  ![代替テキスト](http://example.com/logo.png)
2  ![代替テキスト](figures/img.png)
```

なお、画像の大きさの指定やキャプションが必要な場合には **knitr** パッケージの include_graphics() を使おう (4.4.2 項)。

引用

```
1  子、曰わく
2
3  > 工、其の事を善くせんと欲せば、必ず先ず其の器を利にす。
```

コードブロック

評価しないコードブロックは固定幅フォントで表示される。

```
1  ```
2  この部分は整形済みテキストとして、
3  そのまま表示されます。
4  ```
```

インラインコード

バッククォートで囲むと整形済みテキストとして扱われる。

```
平均値を計算するには`mean()`を使う。
```

数式

RマークダウンではLaTeXに類似した記法で数式を記述できる。

インラインの数式

```
一つのケーキを二人で分けたら一人$\frac{1}{2}$ずつ食べられます。
```

数式ブロック

```
$$
e^{iax}=\cos(ax)+i\sin(ax) \tag{1}
$$
```

水平線・ページ区切り

3個以上のアスタリスク・ダッシュは水平線・ページ区切りとして認識される。

```
******

------
```

表

```
1列目の見出し   | 2列目の見出し
------------  | -------------
セル 11        | セル 12
セル 21        | セル 22
```

相互参照

識別子を使ってドキュメント内の別の場所でリンクや画像を指定することができる。以下の例で、`id`は任意の文字列でよい。

リンクの場合

```
A [ほげほげはこちら][id].

として、ドキュメント内のどこかで、

[id]: http://example.com/ "タイトル"
```

画像の場合

```
![代替テキスト][id]

として、ドキュメント内のどこかで、

[id]: figures/img.png "タイトル"
```

その他

```
脚注を入れることもできる^[この部分は脚注になる]

上付き文字^2^と下付き文字~2~

~~取り消し線~~
```

付録 B

チャンクオプション

ここでは R マークダウンで使える **knitr** パッケージのチャンクオプションを紹介する。パッケージの開発に伴い拡張や変更があるかもしれないので、最新の情報については knitr の公式サイトのオプション一覧[1]を参考にするとよい。

なお、表中の「型」の欄にはデフォルト値の他に可能なオブジェクト型を略字で示している。略字の意味は、L が論理値 (TRUE/FALSE)、N が数値、C が文字列、O がその他である。

コード評価とチャンク表示

オプション名	既定値	型	説明
eval	TRUE	[LN]	TRUE ならコードを実行する。FALSE ならしない。数値ベクトルで何番目の式を実行するか指定できる。例えば c(1, 3) なら 1 番目と 3 番目の式を実行する。
include	TRUE	[L]	FALSE ならコードと結果を出力しない (コードは実行される)。

実行結果のテキスト出力の調整

オプション名	既定値	型	説明
results	markup	[C]	結果の出力方法を指定する。markup: マークアップによる装飾。asis: 装飾を行わずに出力。hold: すべての評価結果をチャンクの最後に出力。hide: 結果を出力しない。
collapse	FALSE	[L]	TRUE ならすべての結果をまとめてコードチャンク末尾に出力。
comment	##	[C]	結果の行頭に挿入する文字。NA なら行頭に何も挿入しない。

---

[1] https://yihui.name/knitr/options/

オプション名	既定値	型	説明
warning	TRUE	[LN]	TRUEなら実行時の警告を出力。evalと同じように数値ベクトルによる指定も可能。
error	TRUE	[L]	コード実行時にエラーが起こった際に、TRUEならエラーメッセージを出力してコードの実行を続ける。FALSEならレポート生成処理を停止する。
message	TRUE	[LN]	TRUEなら実行時のメッセージを出力。evalと同じように数値ベクトルによる指定も可能。
class.output	NULL	[C]	結果の出力ブロックに任意のclass属性を追加。CSSと組み合わせるとスタイルをカスタマイズできる。

コード出力の調整

オプション名	既定値	型	説明
echo	TRUE	[LN]	TRUEならソースコードを出力する。FALSEならしない。evalと同じように数値ベクトルによる指定も可能。
tidy	FALSE	[L]	TRUEならコードを整形する。
tidy.opts	NULL	[O]	コード整形時にformatR::tidy.source()にリストでオプションを渡す。例えばlist(width.cutoff=60)。
prompt	FALSE	[L]	TRUEならプロンプト(Rのコンソールの行頭にある>のこと)をコード行頭に挿入する。
strip.white	TRUE	[L]	TRUEならコード前後の空白行を削除。
highlight	TRUE	[L]	TRUEならコードをハイライトする。
size	normalsize	[C]	LaTeXでコードのフォントサイズを指定。
background	#F7F7F7	[C]	LaTeXでコードの背景色を指定。
class.source	NULL	[C]	コードの出力ブロックに任意のclass属性を追加。CSSと組み合わせるとスタイルをカスタマイズできる。
indent	NULL	[N]	コードチャンク出力の行頭に任意の文字列を追加する。普通は使わない。Rマークダウンの解説記事を書く際に便利。

キャッシュ

オプション名	既定値	型	説明
cache	FALSE	[L]	TRUEならキャッシュを有効にする。数値で指定すれば、より細かく制御できる。
cache.path	cache/	[C]	キャッシュを保存するフォルダ名。
cache.vars	NULL	[C]	キャッシュする変数名を文字列ベクトルで指定する。NULLならすべての変数をキャッシュする。

オプション名	既定値	型	説明
cache.lazy	TRUE	[L]	TRUEならキャッシュの読み込みに`lazyLoad()`(遅延ロード)を、FALSEなら通常の`load()`を用いる。
cache.comments	NULL	[L]	FALSEならコメントの変更でキャッシュは無効にならない。
cache.rebuild	FALSE	[L]	TRUEならコードの変更がなくても再評価される。
dependson	NULL	[NC]	依存するチャンクを文字列ベクトルまたは数値で指定する。チャンクの内容に変更がなくても、依存するチャンクに変更があった場合には再評価される。
autodep	FALSE	[L]	TRUEならチャンク間の依存関係を自動的に検出する。

図の出力の調整

オプション名	既定値	型	説明
fig.path	figure/	[C]	グラフ出力の画像ファイル名の接頭辞。チャンクラベルが続く。フォルダ名を含めることもできる。
fig.keep	high	[C]	保存するグラフの選択。high: 高水準グラフィックス(`plot()`など)を保存。none: グラフを保存しない。all: 低水準グラフィックス(**grid**パッケージなど)も別個に保存。first: 最初のグラフだけ保存。last: 最後のグラフだけ保存。この値が数値ベクトルの場合、保存する(低水準)グラフィックスのインデックスとして解釈される。
fig.show	asis	[C]	グラフの表示方法。asis: グラフを作成するコードに続いて表示。hold: コードチャンクの最後に表示。animate: 複数のグラフをアニメーション表示。hide: グラフを表示しない。
dev	pdf/png	[C]	グラフ画像のファイル形式をデバイス関数名で指定する[2]。ベクトルでの指定により複数の形式の画像を生成することも可能。devに加えて`fig.ext`、`fig.width`、`fig.height`、`dpi`をそれぞれベクトルで指定して、それぞれの形式のオプションを個別に指定できる。
dev.args	NULL	[O]	devで指定したデバイス関数に渡すオプションをリストで指定する。
fig.ext	NULL	[C]	グラフ画像の拡張子。
dpi	72	[N]	グラフ画像の解像度(インチあたりのピクセル数)。
fig.width	7	[N]	グラフ画像の幅。インチで指定する。ピクセル数は`dpi`×`fig.width`となる。

オプション名	既定値	型	説明
fig.height	7	[N]	グラフ画像の高さ。インチで指定する。ピクセル数は dpi×fig.height となる。
fig.asp	NULL	[N]	グラフ画像のアスペクト比(高さ/幅)。
out.width	NULL	[C]	グラフ表示要素の幅。指定方法はレポートの出力形式による。HTMLなら300pxなど。LaTeXなら.8\linewidthなど。
out.height	NULL	[C]	グラフ表示要素の高さ。out.widthを参照のこと。
out.extra	NULL	[C]	グラフ表示要素に追加するオプション。imgタグに与える属性など(例えばstyle="display:block;")。
fig.retina	1	[N]	dpiをRetinaディスプレイの高解像度に対応させる。Retinaディスプレイでは2とするとよい。
fig.align	default	[C]	グラフ画像の横位置。left、right、centerのいずれか。
fig.process	NULL	[C]	グラフ画像ファイルの後処理を行う関数。画像ファイル名を受け取り、新しい画像ファイル名となる文字列を返す関数を指定する。
fig.showtext	NULL	[L]	TRUEなら、グラフを描画する前にshowtext::showtext.begin()を呼び出す。

以下はLaTeX用

オプション名	既定値	型	説明
resize.width	NULL	[C]	LaTeXの\resizebox {}{}に与える幅。
resize.height	NULL	[C]	LaTeXの\resizebox {}{}に与える高さ。
fig.env	figure	[C]	LaTeX出力時の画像の環境。
fig.cap	NULL	[C]	LaTeX出力時の画像のキャプション。
fig.scap	NULL	[C]	LaTeX出力時の画像の短いキャプション。
fig.lp	fig:	[C]	LaTeX出力時の画像のラベルの接頭辞。
fig.pos	""	[C]	LaTeX出力時にfigure環境に与える画像の出力位置オプション。
fig.subcap	NULL	[C]	LaTeX出力時のサブフィギュア画像のキャプション。チャンク内に複数のグラフがあり、fig.capとfig.subcapがNULLではない場合、各グラフは\subfloatコマンドで配置される(プリアンブルに\usepackage {subfig}を追加すること)。
external	TRUE	[L]	TRUEならtikzデバイス利用時にtikzグラフィクスに対してコンパイル済みPDFファイルを作成する。

---

[2] サポートされている形式はbmp, postscript, pdf, png, svg, jpeg, pictex, tiff, win.metafile, cairo_pdf, cairo_ps, CairoJPEG, CairoPNG, CairoPS, CairoPDF, CairoSVG, CairoTIFF, Cairo_pdf, Cairo_png, Cairo_ps, Cairo_svg, tikz, quartz_pdf, quartz_png, quartz_jpeg, quartz_tiff, quartz_gif, quartz_psd, quartz_bmp。

オプション名	既定値	型	説明
sanitize	FALSE	[L]	TRUEならtikzグラフィクスのサニタイジングを行う。

アニメーションの調整

オプション名	既定値	型	説明
interval	1	[N]	フレーム間隔(秒)。
aniopts	controls, loop	[C]	アニメーションのオプション。**animation**パッケージを参照のこと。
ffmpeg.bitrate	1M	[C]	FFmpegの-b:v引数。動画の品質を調整する。
ffmpeg.format	webm	[C]	FFmpegで出力するビデオ形式。

その他

オプション名	既定値	型	説明
code	NULL	[C]	コードをチャンクオプションで与える。
ref.label	NULL	[C]	参照先チャンクのラベルを指定する。コードは参照先チャンク内のコードに置き換えられる。
child	NULL	[C]	挿入する子ドキュメントのファイル名を指定する。
engine	R	[C]	コードの評価エンジンを指定する。
engine.path	NULL	[C]	コードの評価エンジンへのパスを指定する。
opts.label	NULL	[C]	オプションテンプレートのラベルを指定する。
purl	TRUE	[L]	FALSEならknitr::purl()によるコード抽出の対象外とする。
R.options	NULL	[O]	評価時のRのオプション(options()を参照のこと)。

パッケージオプション

knitrのパッケージオプションを紹介しておこう。パッケージオプションの指定方法については4.6.1項を参考にしてほしい。

オプション名	既定値	型	説明
animation.fun	hook_ffmpeg_html	[O]	HTMLファイルにアニメーション出力を行うための関数。デフォルトではFFmpegでMP4動画を作成する。

aliases	NULL	[C]	チャンクオプションのエイリアス。例えば、c(h='fig.height')というエイリアスを設定することで、チャンクヘッダでfig.heightの代わりにhでチャンクオプションを指定することができる。
base.dir	NULL	[C]	グラフ画像ファイルを出力するフォルダの絶対パス。
base.url	NULL	[C]	HTML出力の際のベースURL。
child.path	""	[C]	子ドキュメントを検索するフォルダ。
concordance	FALSE	[L]	TRUEなら出力ファイルと入力ファイルの行対応を示す索引ファイルを作成する。LaTeXなどのエラーメッセージに対応する入力ファイル中の箇所を特定するときなどに役立つ。
eval.after	fig.cap	[C]	コードを実行した後に評価するチャンクオプションを文字列ベクトルで指定する。図のキャプションにコードの実行結果(例えば平均はいくつで、など)を表示するような場合に役立つ。ここで指定されていないチャンクオプションはコードを実行する前に評価される。
global.par	FALSE	[L]	TRUEなら、高水準グラフィックス用のpar()の設定を前のコードチャンクから引き継ぐ。
header	""	[C]	ドキュメントの先頭に挿入するテキスト。LaTeXの場合は\documentclass {article}の後に、HTMLの場合は<head>タグの後にテキストが挿入される。
latex.options.color	NULL	[C]	LaTeXで**color**パッケージに与える引数。
latex.options.graphicx	NULL	[C]	LaTeXで**graphicx**パッケージに与える引数。
out.format	NULL	[C]	変換されるフォーマット[3]。
progress	TRUE	[L]	変換処理のプログレスバーを表示するか。RのオプションKNITR_PROGRESSによって設定することもできる。
root.dir	NULL	[C]	コードを実行する際の作業フォルダ。NULLなら入力ファイルがあるフォルダが作業フォルダとなる。
self.contained	TRUE	[L]	TRUEなら出力に書式指定(TeXスタイルやCSSなど)が埋めこまれる。Rnw/Rhtmlで有効。Rマークダウンには無関係。
unnamed.chunk.label	unnamed-chunk	[C]	チャンクラベル未指定時のプレフィクス。

upload.fun	identity	[O]	HTML またはマークダウン出力のときに、グラフ画像ファイル名を受け取り文字列を返す関数を指定する。画像をアップロードサイトに投稿して、出力ドキュメント内でその画像に対するリンクを用いるときなどに使うことができる。例えば opts_knit$set(upload.fun = imgur_upload) とすることで、imgur にアップロードした画像を出力ドキュメント内で使える。
verbose	FALSE	[L]	TRUE なら冗長なメッセージを表示する。
width	75	[N]	コードと出力の一行あたりのテキスト幅。

---

[3] `latex`、`sweave`、`html`、`markdown`、`jekyll` のいずれか。

索 引

【A】
addCircleMarkers()　110
addCircles()　110
addMarkers()　109, 110
addPolygons()　109, 110
addRectangles()　110
addTiles()　109
apply()　59
as.data.frame()　54

【B】
bind_rows　60
blogdown　97
bmp()　61
bookdown　xi, 25, 97–102
broom　x, 64
browser()　147, 149
bundle()　130

【C】
cairo_pdf()　61
capture.output()　64
cat　59
cat()　64
chordNetwork()　112
class()　35
clipboard()　50
create_edge_df()　111
create_graph()　111
create_node_df()　111

【D】
d3heatmap　108
data.frame　51
datatable()　117, 118
DataTables　108
debug()　147
debugonce()　147
dendroNetwork()　112
dev.off()　61

diagonalNetwork()　112
DiagrammeR　108, 110, 111
dim()　35
dir()　59, 60
dplyr　vii
DT　xii, 117
dy*()　111
dyCandlestick()　112
dygraph()　111
dygraphs　107, 111
dyRangeSelector()　112

【F】
figure()　113
file()　56
flexdashboard　xi, 97, 103, 106
for　40
forcats　vii
forceNetwork()　112
formatR　vi

【G】
ggplot2　vi, vii, 113
ggplotly()　115
gmap()　113
grid_plot()　113
grViz()　110

【H】
haven　vii, 57, 58
head()　34
Highcharter　108
hms　vii
html_document()　83
htmlwidgets　iii, xii, 22, 106, 107, 116, 117

【I】
include_graphics()　101, 152
init()　127

is.na()　36

【J】
jpeg()　61

【K】
kable　xii, 116
kable()　62, 116, 117
knitr　i, v, vi, xi, 70, 84, 90, 101, 116, 135, 136, 152, 159
knitr()　62

【L】
Leaflet　107
leaflet　108, 109
leaflet()　109
length()　34
levels()　36
library()　142
load()　65
load_cache()　136
lubridate　vii
ly_*()　113
ly_lines()　113
ly_points()　113

【M】
mermaid()　110
MetricsGraphics　108

【N】
na.omit()　36
names()　34
networkD3　108, 112

【P】
packrat　xii, 22, 125–130
pdf()　61
pipe()　50
plot()　20, 61, 114

plot_ly()　114
Plotly　107
plotly　114
png()　61
postscript()　61
prettydoc　92
print()　41, 109, 112
profvis　144
purl()　90
purrr　vii

[R]

R.matlab　58
radialNetwork()　112
range()　35
rbind　60
rbind()　59
rbokeh　107, 113
read.csv()　53
read.csv2()　53
read.delim()　53
read.delim2()　53
read.fwf()　53
read.table()　52–54, 59, 60
read_chunk()　135
read_excel()　57
readLines()　56
readMat()　58
readr　vii, 54, 58, 62
readxl　vii
render　83

render()　82–84, 88, 132
render_graph()　111
require()　142
restore()　127, 129
revealjs　92
rgl　108, 115
rglwidgets　108
rglwidgets()　115
rmarkdown　70, 82, 132
rticles　95

[S]

sample()　131
sankeyNetwork()　112
save()　65
sf　110
simpleNetwork()　112
sink()　63
snapshot()　127–129
source()　41, 42, 135, 146
sp　110
spin()　90
status()　128, 129
str()　34
stringr　vii, 56
summary()　35
summary(d)　41
system()　55, 133

[T]

t.test　64

table()　35
threejs　108
tibble　vii, 35
tidy()　64
tidy_source　vi
tidyr　vii
tidyverse　v, vii, 62
tiff()　61
tool_*()　113

[U]

unbundle()　130

[V]

View()　37
visNetwork　108

[W]

websites　97
win.metafile()　61
write.table()　62
write_csv()　62
write_tsv()　62
writeMat()　58

[X]

xaringan　v, 93
xtable　62
xtable()　62

監修

石田基広（いしだ もとひろ）
- 1989年　東京都立大学大学院博士後期課程中退
- 現　在　徳島大学総合科学部 教授
- 専　攻　テキストマイニング
- 著　書　『新米探偵データ分析に挑む』（ソフトバンク・クリエイティブ，2015）他

編集

市川太祐（いちかわ だいすけ）
- 2018年　東京大学大学院医学系研究科医学博士課程修了（社会医学専攻），医師，博士（医学）
- 現　在　サスメド株式会社
- 専　攻　臨床情報工学

高橋康介（たかはし こうすけ）
- 2007年　京都大学大学院情報学研究科博士後期課程 研究指導認定退学．博士（情報学）
- 現　在　中京大学心理学部 准教授
- 専　攻　認知心理学・認知神経科学・認知科学
- 著　書　『ドキュメント・プレゼンテーション生成（シリーズ Useful R 9）』（共立出版，2014）他

高柳慎一（たかやなぎ しんいち）
- 2006年　北海道大学大学院理学研究科物理学専攻修士課程修了
- 現　在　LINE 株式会社
  　　　　総合研究大学院大学複合科学研究科統計科学専攻博士課程在学中
- 専　攻　統計科学
- 著　書　『金融データ解析の基礎（シリーズ Useful R 8）』（共著，共立出版，2014）他

福島真太朗（ふくしま しんたろう）
- 2006年　東京大学大学院新領域創成科学研究科複雑理工学専攻修士課程修了
- 現　在　株式会社トヨタIT開発センター
  　　　　東京大学大学院情報理工学系研究科数理情報学専攻博士課程在学中
- 専　攻　機械学習・データマイニング・非線形力学系
- 著　書　『データ分析プロセス（シリーズ Useful R 2）』（共立出版，2015）他

松浦健太郎（まつうら けんたろう）
- 2005年　東京大学大学院総合文化研究科広域科学専攻修士課程修了
- 現　在　製薬会社にて臨床試験のデザインに従事
- 専　攻　統計モデリング，データサイエンス，バイオインフォマティクス，複雑系の物理
- 著　書　『岩波データサイエンス vol. 1』（共著，岩波書店，2015）他

著者紹介

高橋 康介（たかはし こうすけ）

[略歴] 2007年　京都大学大学院情報学研究科修了
東京大学特任助教などを経て，現在は中京大学心理学部准教授
[専門] 認知心理学・認知神経科学・認知科学・錯視
[著書] 『ドキュメント・プレゼンテーション生成（シリーズ Useful R 9)』（共立出版，2014）他

Wonderful R 3	監　修	石田基広
再現可能性のすゝめ	編　集	市川太祐・高橋康介
RStudioによるデータ解析とレポート作成		高柳慎一・福島真太朗
Reproducible Data Analysis and Reporting using RStudio		松浦健太郎
	著　者	高橋康介　Ⓒ 2018
	発行者	南條光章
2018年 5月15日　初版 1 刷発行	発行所	**共立出版株式会社**
2019年 5月15日　初版 2 刷発行		東京都文京区小日向4-6-19（〒112-0006）
		電話　03-3947-2511（代表）
		振替口座　00110-2-57035
		www.kyoritsu-pub.co.jp
	印　刷	啓文堂
	製　本	協栄製本

検印廃止

NDC 007.6, 816.5
ISBN 978-4-320-11243-8

一般社団法人
自然科学書協会
会員

Printed in Japan

JCOPY ＜出版者著作権管理機構委託出版物＞
本書の無断複製は著作権法上での例外を除き禁じられています．複製される場合は，そのつど事前に，出版者著作権管理機構（ＴＥＬ：03-5244-5088，ＦＡＸ：03-5244-5089，e-mail：info@jcopy.or.jp）の許諾を得てください．